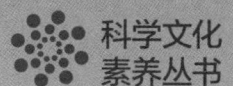

科学文化素养丛书

总主编 俞鸿儒 姚 克

科学新史话

本册主编 王 聪 赵宏洲

浙江教育出版社·杭州

科学文化素养丛书编委会

总 主 编：俞鸿儒　姚　克

副总主编：郑金平　陆　锦

编　　委：尹传红　汪光年　周　俊

　　　　　　赵宏洲　龙爱民　王屹峰

　　　　　　罗兴波　王　聪　敖妮花

　　　　　　何黎峰　龙华东　王闰强

　　　　　　王海波　王英伟

本册主编：王　聪　赵宏洲

前言

"科学文化素养丛书"是一套解读科学新发现、反映当代科学研究成果的丛书。丛书为由浙江省科学技术协会牵头相关部门(单位)合力打造的浙江科学文化工程重点项目,中国科学院、浙江省科普作家协会等提供了大力支持。丛书共分五册,聚焦"科学谣言""身边的科学""黑科技""科学新史话""科学新发现"五个话题。

出版本套丛书旨在让读者开阔眼界、增长知识,提升对科学文化的认知。科学文化不仅包括科学知识和科学方法,还包括科学精神和科学思想,后者又可理解为对科学认识的一种积淀。丛书通过科学探索、发现和创造的过程告诉我们,世界上没有一成不变的东西,科学探索永无止境。

以"科学新发现"这个话题为例,说到近几年的重大科学发现,大家会想到引力波。从1916年爱因斯坦预言引力波的存在到2014年的近百年间,引力波一直无法被直接探测到。2016年2月11日,激光干涉引力波天文台(LIGO)宣布,该台于2015年9月14日直接探测到一个来自13亿光年之外的黑洞与黑洞并合产生的引力波。2017年10月3日,LIGO的3位科学家韦斯、索恩与巴里什共同获得了2017年的诺贝尔物理学奖。2017年10月16日,LIGO宣布探测到1.3亿光年之外的一对中子星并合发出的引力波。同一时刻,世界上其他十几个机构（如美国宇航局、欧洲南天天文台、中国科学院紫金山天文台和清华大学等）也宣布探测到了伴随这次引力波的γ射线暴、光学暂现源（千新星）以及抛射物与星际介质碰撞后激发出的X射线辐射与射电辐射。可以说，这是举世瞩目的重大科学发现。

但这并不是终结，这种发现每时每刻都有。美国的丹尼尔·J.布尔斯廷在《发现者》一书中开宗明义地指出，"我们现在所观察到的世界，即时间、陆地与海洋、天体与人体、植物与动物、历史与古往今来的人类社会等景象，只能是由无数的'哥伦布'为我们揭示的"。正是这些源源不断的发现，不断地扩充我们的知识版图，刷新我们的认知，改变我们的生活，塑造我们的未来。同时这些发现也告诉我们，这是一个没有结尾的故事，不仅整个世界仍是新大陆，还有更多的宇宙黑洞等待着人类去发现、去认知，这是一项永远在路上的事业。从这个意义上说，科学文化就是推动人类对世界万物的认识的土壤，这块土壤越肥沃，科学探索、发现和创造的成就会越大，这也是国家要提高全民科学文化素养的原因之一。

本套丛书内容权威，作者主要是来自中国科学院各个研究所的科技专家，其中大部分是青年科技人员，他们对专业知识的解读更科学、更准确、更权威。在很长一段时间里，人们总以为科普只要做到知识的通俗化就可以了。这种理解是不科学、不全面的，导致了一些科普图书为了噱头东拼西凑，割裂知识的完整性，还导致了某些打着科普旗号的非科学、伪科学的流行。近年来，科学传播越来越受到人们的重视，虽然科普方式十分重要，但其内容永远是根本。为了保证知识的权威性，科学家应成为科普的主力军，科学家在探索未知、创造新知识的同时，还应该向大众传递自己对科学探索的热情以及取得新发现时的兴奋之情，构筑科学与大众之间的桥梁。

本套丛书在可读性、趣味性方面也进行了有益的尝试，希望能让读者领略到科学文化之美。

丛书编委会

2019年8月

目录

第一部分 天文学史上新纪元

1. 1609年，一个新世界 / 3
2. 人类的攀升：日心说的凯旋 / 10
3. 别说你真的懂星座 / 17
4. 如何合法地拥有一颗属于自己的小行星 / 24

第二部分 进化史中的亮点

5. 进化我只服寒武纪，造起新器官来跟不要钱似的 / 31
6. 达尔文的斗犬？赫胥黎与进化论不得不说的故事 / 39
7. 地球上最早出现的动物，究竟有多早 / 43
8. 长臂猿：我不只是个跑龙套的类人猿 / 48

第三部分 数学史中的故事

9 如何用数学证明"只可意会,不可言传" / 57

10 一元三次方程的求解之路 / 61

11 从志同道合到分道扬镳:数学与哲学之间的恩怨情仇 / 65

第四部分 计算机史话

12 两千年的数学接力赛催生现代计算机 / 75

13 从算盘到计算机

——信息时代的前尘往事 / 81

第五部分
人类创造史的新观点

14 玻璃在古代中国最初是替代品吗 / 93

15 最早的自行车其实是中国制造的 / 98

16 拔罐并非中国特有 / 102

17 人类的超导发现史 / 107

第六部分
人类对自然的认识史

18 那片被遗忘的浅绿色的海 / 115

19 突然冒出个"第八大洲"?哦,原来是这样 / 121

20 从科学家发现的一颗钻石说起 / 125

21 藏在冷原子世界里的温柔 / 130

第一部分

天文学史上新纪元

第一部分
天文学史上新纪元

1. 1609年，一个新世界

美国时间2017年8月21日，横跨美国的日全食震撼上演，这是历史上观测和拍摄人数最多的一次日食。观测者达数百万之多。其实，2009年7月22日也出现过一次堪称21世纪最壮观的日全食（日全食时长超过6分钟），这也是2009年被定为"国际天文年"的原因之一。

更重要的是，这一年距离伽利略首次用望远镜进行天文观测正好400周年。这才是它被定为"国际天文年"的主要原因。这次要讲的故事，发生在1609年，故事的主人公是伽利略，他用几具简陋的单筒望远镜观测到一连串的科学发现，**改变了几千年来人类的宇宙观，迎来了一个新世界。**

有人嫉妒牛顿，说那么多科学发现、发明集于他一身，任何人只要拥有其中的一项就足以名垂青史了。类似的说法也可以用在伽利略身上，

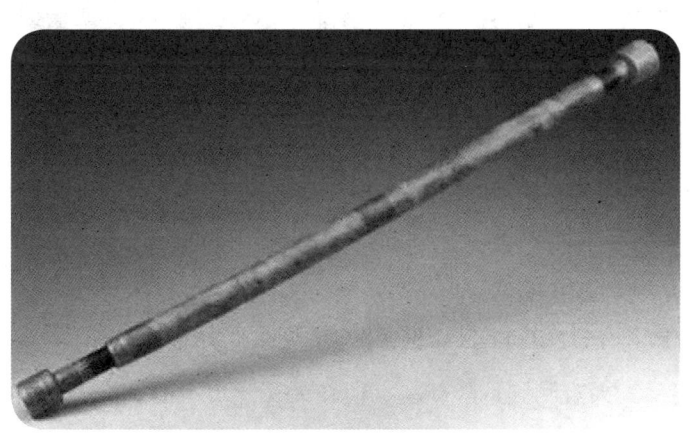
伽利略当年制作的望远镜之一（复制品）

且不提他在物理学上的诸多奠基性贡献,也不谈他在近代科学方法方面的身先示范,单就1609年他用望远镜巡视天空一事,便可以笑傲科海400年!

这一切,还是得从哥白尼谈起。

众所周知,哥白尼于1543年出版的《天体运行论》是近代科学革命的起点。 但在这本书里,哥白尼提出的只是一个理想模型,把众星围绕地球运行的学说改为地球只是一颗普通的行星,与五大行星(当时天王星等还未被发现)一起绕日运行。

🌢 尼古拉·哥白尼像

时代在召唤英雄

丹麦的第谷首先在地心说的棺材板上钉下了第一颗销钉。

1572年11月11日,26岁的第谷在仙后座发现一颗新星,后被称为**"第谷新星"**。

新星在我国古代多以**"客星"**称之,指闯入其他星宿范围的星体,今指在短时期内光度突然增大数万倍甚至数百万倍,后来又逐渐回降到原来光度的恒星。第谷新星在我国《明实录》中也有记载,明隆庆六年十月初三,也就是1572年11月8日,"客星见东北方,如弹丸"。

🌢 第谷·布拉赫像

虽然我们比第谷早三天观测到这颗新星,但在天文学史上的意义,两者不可同日而语。

再接着说第谷发现的这颗新星。原来，这颗新星先是亮如金星，白色耀眼，然后转为黄色，类似木星，再转为红色，转至暗青色，最后消失，前后历时16个月。第谷当时心无旁骛，一心追随。通过肉眼观测和仪器测定（那时还没有望远镜），**他发现这颗新星在恒星背景下竟然无视差**。

这里需要解释下什么是**视差**：拿一个物体置于眼前不远处，闭上一只眼睛，用另一只眼睛观察物体与背景（可以是墙、电脑屏等）的相对位置，然后反过来换另一只眼睛，你会发现物体与背景的相对位置发生了变化。这便是视差。

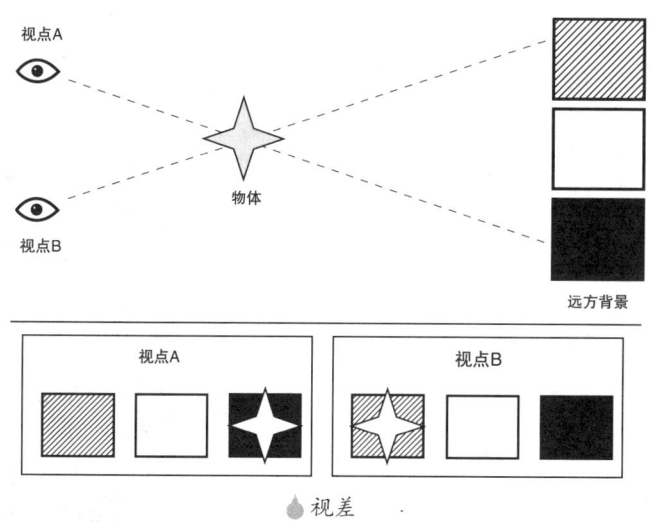

视差

第谷新星因为距离地球太远了，所以观测不到视差——至少在那个年代依靠简陋的仪器观测不到。那么，到底有多远呢？在第谷看来，至少和别的恒星类似，距离远在月球之外（实际距离超过8000光年）。

要知道，从古希腊延续到那时的地心说的一个教条就是：月上世界很完美、永恒不变。这下可好，横空出世一新星，随即还消失了。这几乎是对地心说正面的一记响亮耳光，大幕已经掀开一角。

第谷新星的发现虽然冲击了地心说,但对哥白尼的日心说还未给出有力、直接的证据。**时代在召唤扭转乾坤的大英雄。**

1609年,伽利略45岁,那时他是意大利帕多瓦大学的教授,上半年刚完成**自由落体的研究**,正春风得意。

这年夏天,伽利略在威尼斯听说荷兰一位眼镜商发明了一种可以将远处物体"拉近"的神器——望远镜。他很快获得了制造望远镜的资料并亲自制造,先后制造出倍率为3、9、20的望远镜,最终在1610年3月制造出倍率为30、相当于将观测物放大900倍的望远镜。

伽利略不是望远镜的发明者,**但他是有意识地把望远镜用于天文观测的第一人**。他随即发现了一系列新的天象。1609—1610年,伽利略利用望远镜发现了**五大天象**。

伽利略·伽利雷像

第一,他发现了**月球表面高低不平、坑坑洼洼**。这与地心说认为的月球表面光滑的说法完全不同。伽利略甚至通过月球上山脉的阴影,计算出了山脉的高度。

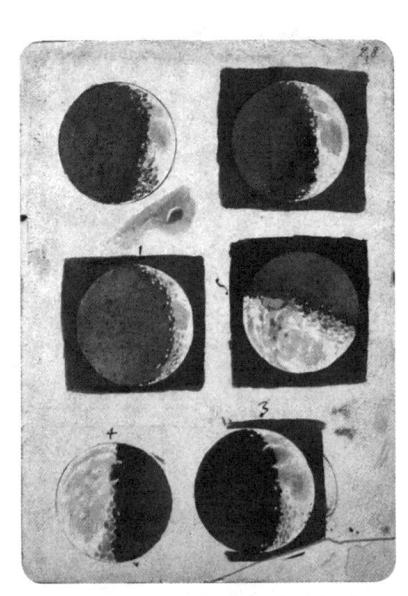
伽利略1609年手绘的月相图

第二,他发现了茫茫银河原来是**无数恒星汇聚的结果**。

第三,他发现了**太阳黑子**。

我国古代有关太阳黑子的记载有很多,而且远比伽利略的时代要早。比如《汉书·五行志》记载:"河平元年(公元前28年)三月己未。日出黄,有黑气，大如钱，居日中央。"这是对太阳黑子的明确记载，要比伽利略的"再发现"早 1600 多年。

但是伽利略通过望远镜发现太阳黑子是在特殊的时代背景下，**有着特殊的历史意义**。在地心体系中，月上世界完美无瑕，太阳就处在月上世界，本应该没什么瑕疵，这下可好，竟然有了黑子。这无异于又一次打了地心说的脸。

第四，他发现了木星的 4 颗卫星。

1610 年 1 月 7 日，伽利略在观测木星时发现了它的卫星，起先发现 3 颗，其中 2 颗在木星的东侧，1 颗在木星的西侧；第二天，他发现 3 颗卫星都到了木星的西侧；10 日，只有 2 颗卫星在木星的东侧……13 日和 15 日木星周围出现了 4 颗卫星，只是排列不同。

经过仔细分析，伽利略认为这是木星的 4 颗卫星在绕其运转，少于 4 颗的情况，无非是凌或掩，即卫星掠过木星表面或被木星遮挡。

为了对赞助其进行探究的美第奇家族表示敬意，伽利略把这 4 颗卫星命名为"美第奇星"。不过，这 4 颗卫星后来"名归原主"，被称为"伽利略卫星"，它们是迄今发现的 67 颗木星的卫星中最大的。

木卫系统的发现，解决了之前伽利略踌躇不前的一个障碍，因为之前他无法理解日心体系中月球绕地球转的同时两者又绕太阳做周年运动。现在，木卫体系完全类似，在以 12 年的公转周期绕日运行，那么地月系统还有什么不可以呢？

第五个发现至关重要，对地心说可谓一剑封喉。是什么发现呢？原来，伽利略用望远镜发现了**金星的相位**。什么是金星的相位？通俗地讲，就是说金星像月球一样有盈亏。

下面两张图，左图是地心体系，右图是日心体系。注意两图中金星的轨道平面与太阳、地球近似在一个平面。

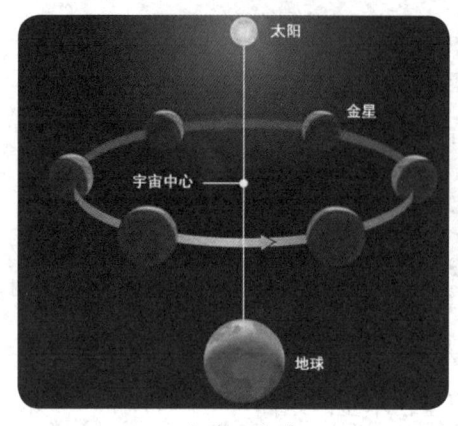
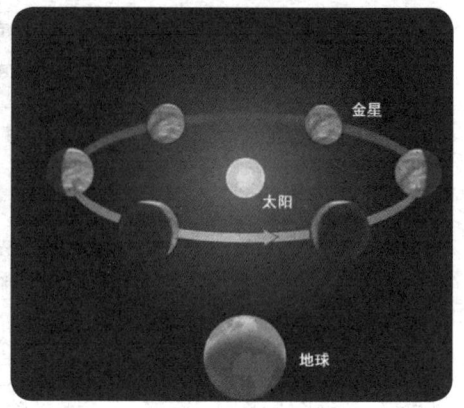

🌑 地心体系　　　　　　　　🌑 日心体系

左图中，金星和太阳均绕着地球运转。金星绕转的圆轨道叫本轮，有了这个本轮，就能解释金星的逆行。行星逆行是一种普遍现象，但并非它们真实的运行状况，而是在地球上观察它们在恒星背景上的一种临时退行（过一段时间会再顺行）状态。行星在古希腊语中是"流浪者"的意思，说明它们行迹不定。

金星是地内行星，距离太阳较近，它总是出现在黄昏或清晨，在我国古代分别称之为"长庚"和"启明"。《诗经·小雅·大东》就说"东有启明，西有长庚"。**遗憾的是，那时人们不知道它们其实是同一颗星。**

为了解决金星总和太阳"相伴"在一起，地心体系学者想了个办法，就是左图中那条直线，即金星在绕本轮的同时和太阳一起等角速度（一年转一圈）绕地球运行。

右图是**日心体系**。金星公转轨道半径小，在内；地球公转轨道半径大，在外。

1609—1610年，伽利略通过望远镜观测到金星的相位。**这种情况只有在日心体系下才能成立。**

在上页左图的情况下,可以看到金星像新月或残月的样子,但无论如何看不到金星近似满月的情况,因为阳光先从后方射到金星上,再反射到地球上。但是在上页右图中,在金星远离地球的另一侧靠近正对地球处,无论是晨星时还是昏星时,均可看到近似满月的圆面。此外,由于金星距地球较近,金星相位的大小变化也很明显(似满月时半径小,如钩时半径大),日心体系与伽利略观测到的完全符合。

伽利略用他的望远镜,让人类迎来一个崭新的世界。400 年后,2009 年,国际天文学联合会和联合国教科文组织将 2009 年命名为**"国际天文年"**。

时光荏苒,一晃 400 多年,如今我们借助更强大的望远镜,洞察并理解着宇宙的玄机。让人类的梦想在月球之上自由地飞翔吧!

作者:史晓雷(中国科学院自然科学史研究所)

2 人类的攀升：日心说的凯旋

400多年前，伽利略利用自制的望远镜为新生不久的日心说杀出了一条血路，在地心说的棺材板上狠狠钉上一颗大销钉。当然，稍早的第谷先钉了颗小的，而伽利略对金星相位的观测则大长日心说的斗志，一时风头无两。

日心说和地心说搏斗的过程中，有一条主线，它是两者殊死搏斗的核心，那就是恒星视差。

人们观测到金星相位，这是地心说无论如何都解释不了的。但是，地心说"垂死挣扎"，时不时地冒出一个声音：恒星视差在哪里？

这时候，每一位拥护日心说的天文学家都冒出一身冷汗。就这样，探求恒星视差的征程开始了。

马克思曾经说过，科学上没有平坦的大道，只有不畏艰险沿着陡峭山路攀登的人，才有希望到达光辉的顶点。这里把这句话献给主要生活在18世纪的英国天文学家布拉德雷，他在人类观测恒星视差的历史上留下了赫赫英名，为日心说的完胜建立了不朽功勋。

布拉德雷像

泛舟泰晤士河的惊天收获

那是1727年的一天，和风煦日，布拉德雷和朋友乘船在泰晤士河上聚会。他无意间发现，**每当船只改变航向时，桅杆上的风向标总会轻微转动。**他认真观察了三四次，均是如此，于是他不解地问船员。

船员凭着经验告诉他，船只改变航向时，风向并没有改变，**造成风向标转动的原因只是船只在转动。**"说者无意，听者有心"，布拉德雷从船员的这番话，一下子想到自己正在进行的天文学观测，豁然开朗。

当时布拉德雷和英国一位大他4岁的天文学发烧友莫利纽克斯正**一起用望远镜寻找恒星视差**，但是在观测过程中产生了困惑，百思不得其解。

这里需要对布拉德雷补充交代几句。布拉德雷早年受叔叔的影响喜欢上了天文学，并结识了当时的天文学大咖——哈雷。

此哈雷正是发现了哈雷彗星的那位。千里马常有，而伯乐不常有。1718年，哈雷推荐25岁的布拉德雷加入英国皇家学会。

布拉德雷从此"平步青云"。1721年，他被任命为牛津大学萨维尔天文学教授。萨维尔是英国数学家，牛津大学有以之命名的数学和天文学教授头衔。在布拉德雷之前，著名天文学家、建筑师雷恩也曾获此殊荣。

到了牛津大学后，布拉德雷便把一生献给了天文学事业。从1725年开始，布拉德雷和莫利纽克斯在后者的家中用一架望远镜观测天龙座 γ 星（天棓四），期待通过长时间的观测发现恒星视差。这项工作不是他们首创的，因为英国物理学家胡克在1669年就观测过此星一段时间，可惜一无所获。这位胡克就是发现弹性定律的那位，他同时因一些优先权问题与牛顿争论而名扬四海。

胡克像（左手所持为其研究的弹簧）

那么，为什么布拉德雷要"步胡克后尘"，也把天棓四作为观测对象呢？道理很简单，对伦敦而言，此星是天顶星之一，就是说夜晚它会通过伦敦的正上空。这有什么好处呢？把望远镜镜筒垂直向上观测天棓四，星光垂直而下，能避免大气折射的干扰。由于地球在公转，布拉德雷相信过一段时间就能发现恒星视差，也就是说该星在望远镜视场中的位置会发生变化。

开始观测后不久，布拉德雷就发现天棓四在视场中发生了一点偏移。他心中感到既惊喜又有点忐忑。惊喜的是，观测到了期盼已久的恒星视差；忐忑的是，这可能只是用望远镜观测产生的误差。

为了保险起见，他们又进行了长达一年多的持续观测。与此同时，他们还对天顶附近的数颗恒星进行了长时间观测，发现这些恒星都有周期性偏移。但是这些结果，却让他们开始心生疑云。这又是何故？

原来，观测结果有两个反常之处，表明这些恒星在视场中的偏移不可能是恒星视差。

首先，观测结果显示这些恒星均有年周期为20角秒的微小位移。

这很不可思议，因为恒星有近有远，近者视差会大，远者视差会小，怎么可能都一样呢？就好比你绕着操场400米跑道跑步，以远处的天空为参照背景，跑半圈下来，近处房屋或树木在天空背景上改变的视位移肯定要大于远处山峰的相应视位移。

其次，观测到的位移方向与恒星视差方向明显有异。 以下面两图说

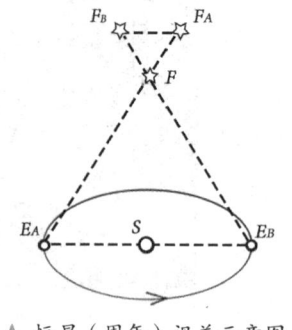
恒星（周年）视差示意图

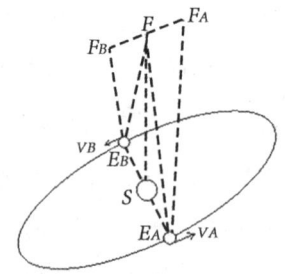
光行差示意图

（注：两图据廖伟迅《光行差测定研究》附图重绘）

明之。

恒星（周年）视差的位移 $F_A F_B$ 与地球公转位移 $E_A E_B$ 相平行，布拉德雷观测到的偏移（后被称为光行差）位移 $F_A F_B$ 与地球公转位移 $E_A E_B$ 相垂直。

上面两个反常之处，已足以说明他们观测到的不是恒星视差。

反常现象出现了，很好！科学哲学家库恩认为，**反常情况往往是科学革命或突破的前夜**。就在布拉德雷束手无策、仰天长叹之际，殊不知自己已经成了掀起革命狂澜的旗手。

微生物学家巴斯德说得好：在观察的领域中，机遇只偏爱有准备的头脑。这句话用在布拉德雷身上再贴切不过。

泰晤士河上那次对风向标的观测以及船员的一番话，一下打通了布拉德雷的"任督二脉"：正如船只改变航向时，风向标是船只和风向共同作用的结果一样，**恒星固定的 20 角秒偏差正是地球运动与星光运动共同作用的结果**。想象一下，雨天打伞时，在无风的情况下，如果你撑伞站在雨中，雨水是竖直从天而降的；如果你向前疾走，便需要将雨伞前倾一些，否则便会淋湿；如果你快步奔跑，自然需要把伞更前倾一些。类比一下，可以这么说：**天顶的星光"倾泻"而下就像雨水，望远镜就像手中的雨伞，地球绕日公转就像疾走或奔跑**。

布拉德雷把这种因地球公转和光速运动造成的恒星位移称为"光行差"，正是由于地球公转速度（v）和光速恒定（c），才造成了恒星固定的 20 角秒的偏差。这 20 角秒被布拉德雷称为"光行差常数"，正是右图中的 θ 角。

🌢 光行差常数 θ

布拉德雷本来探求的是恒星的周年视差，这是日心说的直接证据，没想到歪打正着遭遇了恒星的光行差，而光行差正是地球公转的直接结果，事实上也证明了日心说。

布拉德雷的合作者莫利纽克斯没能熬到胜利的曙光。等布拉德雷把一切整理好并提交给皇家学会时，已是 1729 年了，莫利纽克斯已于前一年撒手人寰。

光行差常数还有另一项重要运用，就是测定光速（根据下面的公式），布拉德雷当时测定的结果是：304000±1500 千米/秒，这比1676年丹麦天文学家罗默测定的 220000 千米/秒精确很多（现代值为299792 千米/秒）。

$$\tan\theta = \frac{v}{c} \rightarrow c = \frac{v}{\tan\theta}$$

笔者注：这里做了很大程度的简化，因为在布拉德雷时代地球的公转速度 $v = \frac{2\pi r}{T}$ 中，日地距离 r 还未获得精确的数据，布拉德雷做了许多转换计算。

三人齐力定乾坤

光行差的发现为日心说完胜地心说又增加了一个重要的砝码。但是，恒星视差为何迟迟观测不到？让地心说支持者彻底死心的撒手锏又在何方？

这关键性的谜题还在等待揭晓它的人。这一等，又是100多年。

随着天文仪器精度的不断改进，激动人心的发现终于出现了。1837—1839年，连续三年，三位天文学家独立公布了天文学界朝思暮想的恒星视差，按时间顺序他们分别是俄国的斯特鲁维、德国的贝塞尔和英国的亨德森。

斯特鲁维像

贝塞尔像

亨德森像

1835年，斯特鲁维负责建造俄国的普尔科沃的天文台。从第二年起，**他便在那里观测天琴座 α 星（织女星）的视差，因为织女星很亮，是全天第五亮星**，他当初认为织女星较近，视差较明显，有利观测（事实并非如此，织女星距离地球 26 光年）。**1837 年，斯特鲁维顺利公布了他观测到的织女星的周年视差，是 0.125 角秒**，这和现在的观测值已经非常接近了。

1838 年，贝塞尔利用一架本来用于测定太阳直径的量日仪观测了天鹅座 61 的周年视差为 0.314 角秒（现在的观测值为 0.294 角秒）。

亨德森算是这三位中最吃亏的一个，起了个大早，赶了个晚集。1831—1833 年，他利用在南非好望角担任皇家天文学家的机会，观测了半人马座 α 星（南门二）的视差，但迟迟未做处理。

等斯特鲁维和贝塞尔公布结果后，他才着手整理数据，**并于 1839 年公布了结果，南门二的周年视差为 1.16 角秒**。这个数值的误差有点大，现在的观测值为 0.76 角秒。其实亨德森也算幸运了，因为南门二在南天星空，欧洲看不到，而且它是距离地球最近的恒星，只有 4.2 光年。

恒星视差终于成了铁的事实，这三位天文学家齐力为地心说的棺材板重重敲进了最后一颗销钉。日心说从此获得了绝对性的胜利。

这么多的俊贤良才、聪慧头脑，为什么在这条路上跋涉得如此艰难？原因并不复杂，你只要知道两个数据就够了：除了太阳，最近的恒星南门二距离我们 4.2 光年，就是每秒 30 万千米的光整整跑 4.2 年的距离！而太阳光到达地球才需要 8 分钟多一点，观测恒星视差谈何容易！

李白有诗曰："小时不识月，呼作白玉盘。"小时候不懂几何学，看着像白玉盘大的满月，其实视角只有 0.5 度或 30 角分。亨德森当年观测的南门二的视差约为 1 角秒（三人中视差最大值），只是满月的一千八百分之一。角度如此之小，非卓识无以认知，非良器无以度量。

哥白尼于 1543 年出版的《天体运行论》迎来了日心说的初啼，同时也敲响了地心说的丧钟。

1609—1610年，伽利略将望远镜投向天空，一系列的天象发现完美地佐证了日心说——这是通向胜利舞台的第一个台阶。

1729年，布拉德雷在寻找恒星视差的过程中意外发现了光行差，直接证明了地球在绕日公转，这是通向胜利舞台的又一坚实台阶。

1838年前后，斯特鲁维、贝塞尔、亨德森独立发现了恒星的周年视差，彻底解决了日心说与地心说长久争论的核心问题，无可辩驳地证实了日心说，这是艰辛跋涉后最令人欣慰的硕果。

英国科学史家布洛诺夫斯基写过《人类的攀升》一书，通俗地介绍了科学，同时揭示了科学的壮美。日心说确立的过程，揭示了科学的壮美，同时融合了人类的才智、命运、机遇和对科学的热忱，这是一条崎岖但壮美的"人类攀升"之路。

作者：史晓雷（中国科学院自然科学史研究所）

别说你真的懂星座

美国国家航空航天局（NASA）2016年发布了一份科普资料，引起了一些误读，有人说NASA将黄道十二宫改成了十三宫。NASA会做这件事吗？

让我们先来看看NASA到底说了什么。首先，NASA强调，天文学是对宇宙中各种天体的科学研究，而**占星学不是天文学**。接着，文中介绍了人类观星的历史，引出对黄道来历的介绍。最后，文中指出，由于地球的自转进动，**如今占星术所说的各个黄道符号实际上并没有相对应的同名星座**。

最后这部分的描述有些简单，被人误读，甚至有一些**国外占星人士说："NASA的说法不会影响我们。因为他们的解释是基于恒星系统，而我们占星基于回归系统。"**

其实早在1930年，国际天文学联合会就统一确定了星座边界，一共有13个黄道星座。那么，黄道十二宫和13个黄道星座是一回事吗？恒星系统和回归系统分别是什么呢？这一切到底是怎么回事？

13个黄道星座从哪儿来

古人并不能理解地球、太阳和其他恒星是怎么运动的，他们也不明白宇宙是何等的浩大,但他们热心观测星空并努力理解它。

为了方便认识星空、观测天象和辨别方位等,古人充分发挥想象力,将天上的星星连接起来,称之为星座,还用神话故事里面的角色给它们命名。

古时人们曾想象,天上的星座可能是重要的符号,也许述说了天上众神的故事。因此,也就不难理解,他们会认为一年中看到的星座位置的变化对世间的人和事物有所影响。

3000多年前,古巴比伦人将整个星空想象成一个大球,称之为"天球",星体分布在球的表面。太阳在"天球"上运动的轨迹,被称为"黄道"。**太阳每12个月沿黄道运行一周。古人为了表示太阳在黄道的位置,将黄道平均分成12段,称其为"黄道十二宫"**,这就好像是太阳在前进过程中休息的地方一样。

黄道示意图

在地球围绕太阳公转的过程中,地球和太阳的连线向外延伸,这条假想的线指向的位置会随着公转发生变化,在每个跨度为30度的宫里待的时间相同,都是一个月。

古巴比伦人以春分点时太阳所在的位置作为起点——当时太阳落在白羊座里,所以就以白羊座命名的白羊宫作为第一宫。

我们并不清楚古巴比伦人是否有精确的方法来确定边界,将黄道均分成十二宫。

古巴比伦人发现在黄道附近有13个星座,但他们剔除了蛇夫座,采用剩下12个星座的名字来命名黄道十二宫,即白羊宫、金牛宫、双子宫、巨

我们熟知的十二星座

蟹宫、狮子宫、室女宫、天秤宫、天蝎宫、人马宫、摩羯宫、宝瓶宫和双鱼宫。黄道十二宫的大小固定，但星座大小不一，因此，黄道十二宫并没有和与其名字相同的十二星座的边界大小精确对应。

面对复杂的星座划分方式和命名，1930年国际天文学联合会用精确的边界把星空分为88个星座，使星空中每一颗恒星都属于某个星座。

而早在1928年，国际天文学联合会确认了蛇夫座也属于黄道星座，所以一共有13个黄道星座。

传说中增加的第十三个星座——蛇夫座

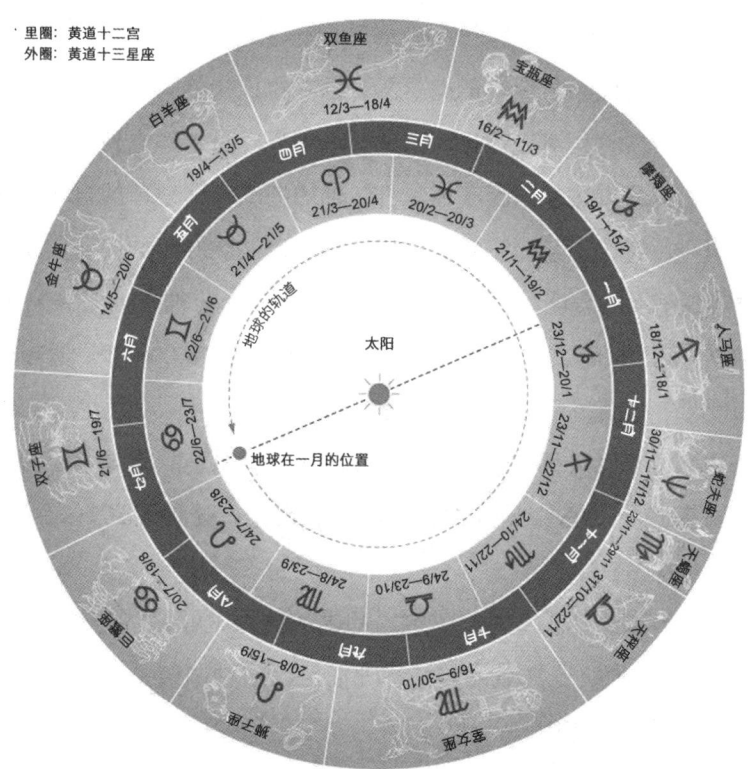

黄道十二宫和黄道十三星座（图片来源：香港太空馆）

回归系统与恒星系统

西方的占星术是以古巴比伦人构建的黄道十二宫为基础的。他们认为每一个符号都对应一个月的时间，例如，白羊符号作为黄道第一个符号，从3月21日到4月20日。具体见下表。

符号名称	白羊	金牛	双子	巨蟹	狮子	室女
日期	03-21	04-21	05-22	06-22	07-23	08-23
	04-20	05-20	06-21	07-22	08-22	09-23

符号名称	天秤	天蝎	人马	摩羯	宝瓶	双鱼
日期	09-24	10-24	11-23	12-22	01-21	02-20
	10-23	11-22	12-21	01-20	02-19	03-20

古巴比伦时代太阳途经黄道十二宫对应的日期范围，也是回归系统下西方占星术中十二符号对应的日期范围。由于当时尚未考虑到春分点地球进动的效应，而春分点进动归因于地球自转轴的进动，即地球的自转轴并非指向天球上同一位置，而是像陀螺仪一样晃动（以26000年的周期摆动，相当于每100年偏移约1.4度，每隔2000多年，太阳自转轴指向某一宫的角度便会偏移28度，时间上差不多近一个月。预计公元14000年，地球自转轴将指向织女星，也就是织女星成为了北极星）。

托勒密也在其《天文学大成》中提到了进动效应，**选择基于春分点的角度来定义黄道十二宫，类似古巴比伦人的定义，这种定义方式被称为回归系统。**

他注意到蛇夫座位于黄道带内，却未被纳入。可见，黄道十二宫就是对将黄道均分成的12个区域的传统称呼而已，这种回归系统主要于中世纪之后被西方占星术所使用。

与回归系统相对的是另一种定义方式——恒星系统，强调以除太阳以外的恒星为基础，例如时间应该与黄道上的星座一一对应。

恒星系统主要先被印度占星师们使用，20世纪后，一些西方占星师们也开始使用该系统。

天文十三星座=占星十三符号吗

如果以回归系统为基础，由于地球自转轴的进动，已距离古巴比伦时代近3000年，自转轴的指向已经发生了近40度的偏移。这也就意味着，如今在春分点，太阳在天球中所处位置并非白羊座，而是在前一个星座——双鱼座。

那么是不是要根据新对应的星座名来命名黄道符号？比如，第一个是双鱼，而不是原来的白羊，其他符号也相应发生改变。

如果以恒星系统为基础，黄道带内有13个星座，就应该有13个符号，每个符号名根据对应的星座来命名。

（当然这只是个基于假设得出的推论，不是声明。）

占星术靠谱吗

占星术到底靠不靠谱呢？真的就像占星术所说，不同时间出生的人，其星座会影响人的命运？

其实星座中的恒星远近不一，都在距离我们很多光年以外，除去太阳，离我们最近的恒星尚在4.2光年以外，所以可以想象它们离我们有多远。

也有人会问，这些恒星对我们的引力会影响人的性格吗？近似地估计，引力与距离的平方成反比，与质量的乘积成正比。你可以算一下，一颗距离你几百光年的恒星，质量为1倍的太阳质量，对你的引力有多大，可以说是

微乎其微。

除了这些，最近还有人说，"最近运气不太好，一定是因为水逆"。

其实，所谓水逆，并非水星的实际运行方向反向了，而是以恒星为参照物，人们在视觉上看到它的逆向运动。星空中，除了太阳系的这些天体外，其他天体由于距离很远，它们本身运动对在天球面呈现的视觉位置变化所带来的影响可以忽略不计。因此，它们的位置变化主要是由于地球自西向东的自转，你会看到它们都是自东往西运动。而太阳系内的天体由于距离地球更近些，以大行星为例，在考虑它们于天球面上的视觉位置变化时，不可以忽略它们本身围绕太阳自西向东的公转。因此，你将能看到，地球轨道外侧的行星会相对于恒星缓缓地自西向东移动，这种运动的方向和行星自身的公转方向一致，故被认为是行星的正常运动，称为顺行。但是，因地球公转一圈的时间比地球轨道外的行星更短，因此就会周期性地超越外侧行星。当正在"超越"时，原本视觉上自西向东运行的行星看起来会先停下，然后后退向西运行，之后当地球在轨道上超越行星之后，行星看起来又恢复了正常自西向东的运动。内侧的水星和金星也会在同样的机制下出现看起来逆行的情况。注意，只是看起来而已，实际上行星并没有出现逆行。**这是天文学上一种正常的现象。**

古人看到行星逆行的情景，却不知道出现这种现象的原因，加上将天上的观测现象映射到人间事物的心理，人们自然就会联想逆行可能意味着不好的运气等。

也许有人觉得星座运势挺准的，其实不然。曾经有人做过测试，写了一段话，类似"你有时觉得孤独，希望有更多的朋友。你很上进，可有时觉得使不上力。你性格偶尔内向，偶尔外向"，给不同星座的人看，表示这就是从网上对你的星座描述中摘出来的一段话，并问他们的意见，不少人觉得很准。

可实际上，这段话只是测试者随意编写的一段话。从这个小测试可以看出，之所以有人觉得星座描述十分准，是因为星座描述中的一些语句笼统，放之四海而皆准，再加上人心理上就有不断寻求认同的想法，就更认同这些观点了。

作者：左文文（中国科学院上海天文台）

4 如何合法地拥有一颗属于自己的小行星

2016年，小行星有点火：NASA的小行星狩猎飞船NEOWISE开始向人类回传收集到的第二年的小行星数据；卢森堡宣布了太空计划，将与美国两家公司合作，于2020年对小行星进行资源采集。

本文不仅告诉你什么是小行星，还会告诉你秘籍：如何合法地拥有一颗属于自己的小行星。

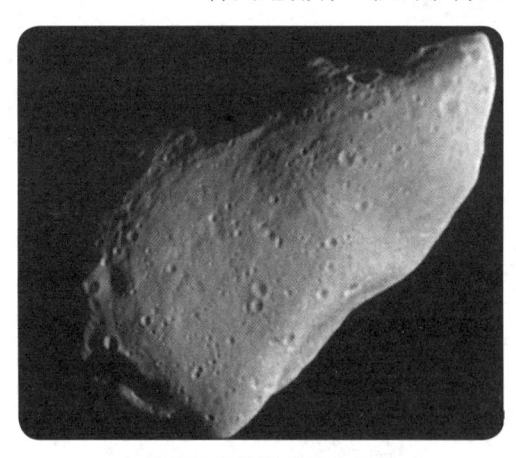

▲ 嫦娥卫星拍摄到的小行星

人类很早就认识到行星与恒星的区别，在诸多天象观测中，已经分别有了对水星、金星、火星等行星的记录。日心说的地位确定之后，人们认识到地球也是太阳系的行星之一。至1781年威廉·赫歇尔通过望远镜发现天王星，人类已经认识了太阳系的七大行星：水星、金星、地球、火星、木星、土星、天王星，它们都围着太阳转，离太阳的距离依次从近到远。

在天王星被发现之前，一位叫提丢斯的德国教授对各行星与太阳的距离产生了兴趣：如果把地球与太阳之间的距离定义为1个天文单位，水星到太阳的距离大约是0.4，金星是0.7，火星是1.6，木星是5.2，土星是10。柏林天文台台长约翰·波得更进一步，他用公式表示了这个数列：

行星与太阳之间的距离 $D=0.4+0.3\times 2^n$，其中 n 依次取值为 $-\infty$、0、1、2……

这个公式由波得最先提出，提丢斯进而推广，被称为提丢斯－波得定则。

n	理论值	实际值	对应天体
$-\infty$	0.4	0.3871	水星
0	0.7	0.7233	金星
1	1	1	地球
2	1.6	1.5237	火星
3	2.8		
4	5.2	5.2026	木星
5	10	9.5549	土星
6	19.6	19.2184	天王星

后来，赫歇尔通过望远镜发现的天王星，正是在 n 取值为6的距离轨道上，说明这个经验公式仍然有效。但是，细心的人们早就发现，当 n 取值为3的时候，即距离太阳为2.8个天文单位的位置，竟然是空缺的！

按照距离来排序，2.8个天文单位距离排行第五，这个神秘的第五行星难道是隐形的？1772年，约翰·波得预测在这个位置存在一颗行星，然后天文学家们对这个区域进行仔细搜索，一番忙碌之后，终于得到结论：真的没有发现行星。

这颗消失的行星究竟去了哪里？是隐形了，还是人们打开望远镜的方式不对？或者是因为行星太小，即使是借助望远镜，人类也看不见？

1801年，一位年轻的哲学家黑格尔用相当快的速度写了一篇博士论文《论行星的运转》，对，就是那个写《精神现象学》和《哲学全书》的大哲学家，没错，人家还关心自然科学。这篇博士论文的篇幅并不长，在他看来，天文学家在火星与木星之间对第五行星的搜索，从哲学上讲是没有意义的。从哲学来讲，这个位置不需要存在什么行星。

1801年的第一天，天文学家皮亚齐在西西里岛的天文台已经观测到一颗在现有星图上不存在的星，然后接下来又连续24次观察到这颗神秘的星，他把这个情况写信报告给天文台，但外界尚不知道此事。直到过了很长时间，天文台才收到皮亚齐的来信，但根据他的信息，却已经不知道那颗星运动到哪里去了，大家都观测不到。

关键时刻，数学家出手了。高斯根据皮亚齐公布的信息，用纸和笔算出一个结果，送到天文台，然后，在1801年的最后一天，天文学家就在高斯算出的位置附近重新发现了这颗星。是年，高斯24岁。

这颗行星被命名为谷神星，到太阳的距离正好是2.8个天文单位。人们终于可以欢呼"消失的第五行星"找到了。但是很快，天文学家在这个区带发现了越来越多的小天体。它们的共同特征是体积远小于太阳系已有的行星，而且数量越来越多，它们最终被称为小行星。位于火星与木星之间的那块空旷但充满大量小行星的区域，被称为小行星带。

早期人们主要借助望远镜观察小行星，照相技术出现之后，人们寻找小行星的速度得到了极大提

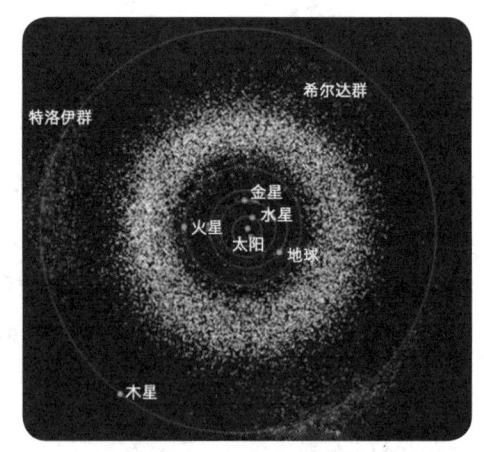
▲ 小行星带在太阳系中的位置

高：对小行星带进行长时间曝光，在保持恒星位置不变的情况下，运动中的小行星会在照片上表现为一条线。20世纪末期，CCD照相机被用于搜索之后，被发现的小行星数量更是快速增长。到目前为止，人类在太阳系中总共发现超过100万颗小行星，其中90%以上都分布在火星和木星之间的小行星带。

可是，这些小行星和我们有什么关系呢？100多万颗啊，前面提到的国家卢森堡总人口才50多万，每人分2颗都还剩不少呢！

人类刚开始发现小行星的时候，非常兴奋地给行星命名，而且通常用希腊和罗马神话中女神的名字，男神名字仅用于不在轨的异常小行星。但是，人们很快就发现神话人物的名字不够用了。于是，就得有个专门的命名规则以及一个权威的命名机构，这就是国际天文学联合会小天体命名委员会。

如果一家天文观测机构或者一名天文爱好者发现了一颗新的小行星，可以向小天体命名委员会提交有关信息，该小行星将获得一个临时名称，在接下来的一段时间，如果人们仍然能够在四次回归周期中观测到它准确的轨道，它就可以获得国际永久编号，通过《国际小行星通报》公布出来。

小行星的命名，遵照谁发现谁拥有提名权的规则，一般命名为在某一领域有突出贡献者的名字，或者地名、事件，或者其他发现者愿意的对象。1928年，年轻的张钰哲在美国留学期间，发现了1125号小行星，后来将其命名为"中华"，这是中国人发现的第一颗小行星。

1949年之后，张钰哲在中国科学院紫金山天文台组织进行小行星观测，到20世纪80年代中期，已经发现了100多颗永久命名的小天体；20世纪90年代中期，中国科学院北京天文台利用施密特望远镜及CCD系统进行小行星巡天和观测研究，短短几年就发现近百颗永久命名的小行星。这些小行星的发现机构紫金山天文台和北京天文台，就拥有了命名提名权。

但是政治或者军事人物，必须在去世100年之后，才能被用于小行星命名。现在我国获得小行星命名的人物，以著名科学家居多，祖冲之、张衡等自不必说，李政道、茅以升、陈景润、袁隆平等，都有以他们名字命名的小

行星。

所以,热爱科学的朋友们,现在知道如何合法地拥有一颗属于自己的小行星了吗?加油!

作者:罗兴波(中国科学院大学人文学院)

第二部分

进化史中的亮点

第二部分
进化史中的亮点

5. 进化我只服寒武纪，造起新器官来跟不要钱似的

地球生命自距今38亿年前诞生以来，历经30多亿年的漫长演化，直至距今5.41亿年寒武纪早期的崭新时代，才迎来了生命演化史上最激动人心的时刻——**寒武纪大爆发**。毫无疑问，它是**生命演化中物种形成最迅猛、高级分类阶元诞生最频繁、功能形态悬殊度最显著、生物结构造型可塑性最强的特大型生物大辐射事件**。

1984年，我国学者在云南发现了澄江生物群，震惊了世界，这被国际媒体赞誉为"本世纪（20世纪）最惊人的科学发现之一"，很多关于寒武纪大爆发和现代生物多样性起源的奥秘就保存在这些珍贵的化石中。

澄江生物群是展示寒武纪大爆发的重要窗口，充分显示了远古海洋生物群的多样性。在这里不仅发现了藻类，

澄江生物群复原图

还发现了大量的海绵动物、腕足动物、软体动物、刺细胞动物、栉水母动物、曳鳃动物、叶足虫动物、星虫动物、环节动物、毛颚动物和节肢动物等原口动物化石，也有棘皮动物、脊索动物这些后口动物化石。另外，还有很多鲜为人知的、难以归入已知动物门类的化石。

因此，**相对于寂静的前寒武纪生命世界，寒武纪海洋生物显得生机盎然，格外热闹**。底栖爬行的、底栖固着的、底栖钻埋的、游泳的、漂浮的生物构建了海洋世界多层次的生态分布。生物界从此显得多姿多彩，走上了通向现代生物的演化之路。

澄江生物群的出现，固然有环境的因素，但在很大程度上也是由于出现了一批新型的动物器官。这些创新性的动物器官，如眼睛、外骨骼、口器、附肢、鳃腔、脊索乃至头等，与视觉系统、摄食系统、消化系统、神经系统、运动系统等一系列动物功能系统相关联，使得澄江生物群能够适应新环境，拓展新天地，展现丰富多彩的生态场景。**因此，寒武纪大爆发是动物器官大创造的时代，澄江生物群中一系列重要器官的出现，意义重大，影响十分深远，一直延续至今。**

下面就让我们看看其中的一些器官，如眼睛、外骨骼、口器和脊索的有趣特性和功能吧。

神奇眼睛的出现

眼睛的起源与演化一直是学界着迷的科学问题。澄江生物群的研究表明，动物眼睛的出现最早可以追溯到5.2亿年前。

眼睛是动物重要的感觉器官，它的出现是动物进化史上一个重要创新，它对于动物捕食、运动和感知都有非凡意义。在澄江生物群中，已经发现了保存较好的各类原生动物的眼睛和视觉形式，包括了眼点、复眼、透镜眼与盲眼等，呈现了与早古生代的生物多样性相符合的趋势。

在已发现的澄江生物群中，90%以上具有眼睛的动物都为节肢动物，它们是寒武纪海洋中最多样和丰富的优势类群，种类占整个动物群的40%以上，大多都是主动猎食者。

复眼是它们最常见的视觉形式，生长方式包括固着的和眼柄能活动的两种类型。后者带有较厚的核状透镜，透镜表面突起相当明显，有着更大的表面积，表明其具有相对宽阔的视野。

例如，灰姑娘虫拥有已知最早的复眼。在高倍显微镜下，灰姑娘虫的复眼居然由2000多只单眼组成，并具有相对大的单眼组成的敏锐带，说明其精细的神经结构也已演化到惊人的阶段，揭示了寒武纪早期的节肢动物已经拥有高度发达的视力。它像螃蟹那样，眼睛可以收缩，也就

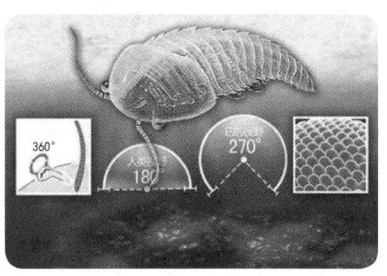

灰姑娘虫头部眼睛的复原图

是说在睡觉时，眼睛能够自动收缩进头甲里。而在需要用眼睛时，像是有个操作杆作支撑的眼睛就可以大幅度转动。螃蟹的单眼只有1000只左右，灰姑娘虫或许比现代的虾和螃蟹的视力要好得多。

类似灰姑娘虫的眼睛结构特征，奇虾、抚仙湖虫等也有。尤其是在澳大利亚袋鼠岛发现的保存精美的奇虾眼睛化石，其复眼是迄今发现最大的，直径达3厘米，包含16000只单眼。或许正是这么多单眼的存在，才让奇虾在捕食的过程中能够非常清晰地看清周围环境，并牢牢盯住猎物。

三叶虫是最早出现复眼的动物之一。大多数三叶虫长有全膜眼，全膜眼的眼体很小且互相紧靠，最多可达1.5万个，并且全部被一层透明的巩膜所覆盖。少数三叶虫，

奇虾的柄状眼睛

如镜眼虫,具有不同于全膜眼的裂膜眼,只有 200～700 个小眼体。长有全膜眼的三叶虫,其幼年期的眼睛很像裂膜眼,所以人们推想全膜眼可能是由裂膜眼幼态持续发展而来的。寒武纪的三叶虫眼睛四周往往存在眼缝合线,个体死亡或蜕皮时眼睛往往脱落,所以不易在化石中找到。寒武纪以后,三叶虫身上的眼缝合线消失,眼睛直接镶接在颊部上,因此能找到有眼睛的三叶虫化石渐渐增多。

三叶虫的眼睛

另外,在一些节肢动物(如抚仙湖虫、尖峰虫)的眼睛表面,能观察到有许多相对分离的小体,而且透镜体近端比透镜体远端小体排列得更加紧密。而在叶足动物罗哩娜虫头部前段发现一对明显的呈黑色的眼点,在昆明鱼的头前部发现两个明显的椭圆形黑点,呈单透镜结构,不仅在透镜体中心有一个小的碗状体,而且有一个波状侧面,暗示其眼睛结构更复杂,透镜折射能力可能有别于其他的视觉类型。总之,在已知最早的后生动物中,视觉系统已然呈现多样性,但与现代后裔相比,又具有相对原始的特征。

显然,眼睛的出现和复杂化,是促使生物多样性发展的重要因素,表明在寒武纪时期,伴随着动物身体形态革新的同时,其内部神经器官也进化到了新的阶段。

有趣的是,动物的眼睛似乎是在寒武纪大爆发中"突然"出现的,这是为什么呢?科学家推测,在寒武纪的海洋中,生物多样性的剧增,使动物们感受到了强烈的生存竞争和捕食压力。为了生存,他们搞起了"军备竞赛",

各类器官不断进化,眼睛这种敏锐的感觉器官也就应运而生了。

百般变化的外骨骼"魔法"

节肢动物是当今动物界最多样化、物种最丰富的门类,包括人们熟知的虾、蟹、蜘蛛、蚊、蝇、蜈蚣以及已绝灭的三叶虫等。在长达5亿多年的演化历史长河中,节肢动物始终是动物界中最庞大的"家族",在造型多样化上也是出类拔萃,并在食物链各个环节中都扮演着关键性的角色。

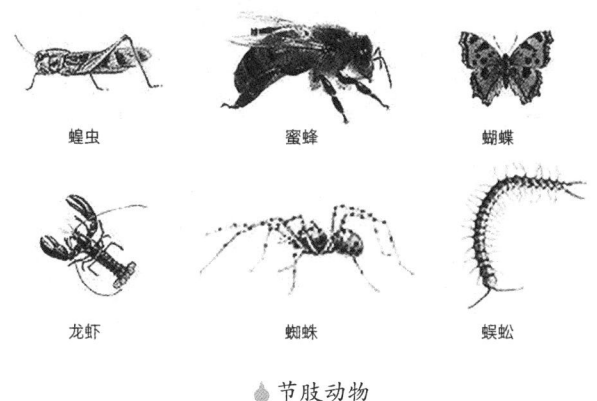

蝗虫　　蜜蜂　　蝴蝶

龙虾　　蜘蛛　　蜈蚣

🌢 节肢动物

节肢动物之所以如此多样,与其具有分节的外骨骼有极大关系。分节外骨骼的出现,是节肢动物演化的起跑点,为节肢动物的多样化开启了重要的窗口。

节肢动物外骨骼具有防止捕食动物的攻击和病菌的入侵,以及支持和维持体型等不同的功能。节肢动物普遍采用硬化作用来强化骨骼,也有少数类群除了硬化外,还采用矿化来使外骨骼进一步变得更加坚硬,如甲壳类、马陆和三叶虫等。

节肢动物的外骨骼由上角质层和原角质层组成,含蜡的脂蛋白所组成的上角质层可以防水和防止微生物入侵,而外骨骼的主要组成部分——几丁质的原角质层则具有高度的可塑性，为节肢动物塑造体型以及行为和功能的多样性提供了很大的发展空间，并能推动相关感觉器官和神经系统的发展。

外骨骼虽然限制了节肢动物的生长，使其在生长过程中必须不断地脱去外壳，但也为节肢动物个体发育过程的多态性提供了可能，从而增强了形态变化的潜力。比如螃蟹，从卵到成体，要经历蚤状幼体、大眼幼体和幼蟹三个中间阶段，幼体和成体的形态差异极大。另外，节肢动物通过原角质层局部变薄或降低硬度的方式将连续的外骨骼分为若干小骨片，而连接这些小骨片的关节膜具有变形功能。如此，节肢动物模块化的外骨骼便像我们玩的拼插积木，外骨骼是积木，骨片之间的关节膜是积木间的连接件。通过"用外骨骼搭积木"的方式，节肢动物实现了形态的百般变化。这种非凡的进化潜能，让节肢动物的肢体、口器、眼睛、神经等器官迅速发展，从而大大提高了它们的运动能力和适应能力。

正因为如此，节肢动物在开始登上地球生命的历史舞台时就显示了超越其他动物的创新能力，在物种的多样性上独占鳌头，并且延续至今，成为物种最丰富且最多样化的动物类群。

强悍的口器

奇虾是寒武纪时代海洋动物中的"巨无霸"，不仅拥有多达14个肢节所组成的一对大型捕食器，而且具备一个有着强大肢解能力的大型口器。奇虾口器的直径最大可达25厘米，外缘为环形排列的外齿所环绕，口咽部具有多达8排按同样方式排列的内齿，内齿由外向内逐渐变小。在吞食时，外齿的自由端先是远离口部，让口部开启；当猎物到达口部时，自由端返回原位使口部紧闭，同时将猎物紧紧卡住并送往口内。位于口咽部的环形内齿也以同样的方式，将猎物向口咽部深处传送。在猎物向口咽部深处逐级传送的过程中，外齿和内齿分别对猎物进行由粗到细的肢解。

第二部分　进化史中的亮点

奇虾（绘图者：谭超）

奇虾口器

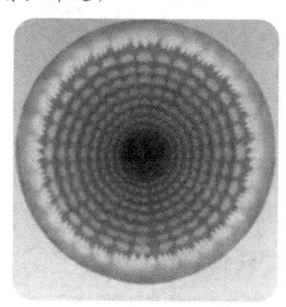

复原的口器

在个别奇虾的粪球中，已发现了被肢解的三叶虫外骨骼碎片，表明奇虾已经具备了很强大的肢解能力，是寒武纪时代顶级食肉动物。

脊索的担当

海口虫和云南虫等鱼形动物是澄江生物群中非常重要的发现，因为它们身体有一条长长的脊索，脊索表面有按节排列的块状构造。脊索与真正的脊椎有所不同，未骨化，属于原脊椎。脊索的出现，担当起了地球生物界的演化重任，不仅为中枢神经提供了保护，而且为脊椎动物巨型化和活动能力的提升开拓了新的演化空间，更是从那时起，动物界开启了脊梁骨演化之路，引发了古生代鱼类、两栖类，中生代爬行类和新生代哺乳类的诞生和繁盛，直至人类的崛起和文明世界的诞生。澄江脊索动物的发现也将脊索动物的历史前推至距今 5.25 亿年前。

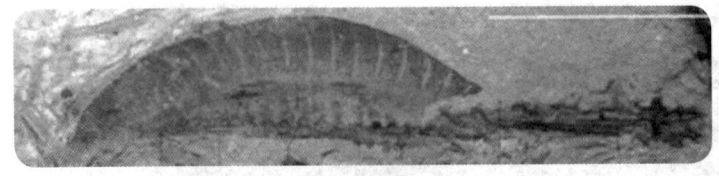
海口虫

云南虫

鳃腔的功能

鳃腔是脊椎动物、特别是鱼形动物的重要器官，它由数量较少的鳃弓所支持，一般不超过9对，鳃弓之间为宽大的鳃裂所隔开。海口虫具有与脊椎动物相似的鳃腔，但缺乏颚弓器官，仍是滤食性摄食。海口虫的每一个鳃弓约由25个盘状横耙所组成，每个横耙具一堆片状分支，长达1毫米以上。宽大的鳃裂表明海口虫可能通过肌肉收缩从口部吸入水流和从鳃裂排出水流，已从类似于文昌鱼的消极滤食方式演化到积极滤食方式。因此，鳃腔具有过滤食物、排泄废水等功能。

总之，澄江生物群呈现了与前寒武纪截然不同的生物世界，诸多器官的创新，让生物界呈现出前所未有的辉煌，真正开启了通向现代生物多样性的征程！

备注：所附复原图和化石图片除个别标注外，均来自中国科学院南京地质古生物研究所。

作者：冯伟民（中国科学院南京地质古生物研究所、南京古生物博物馆）

6. 达尔文的斗犬？赫胥黎与进化论不得不说的故事

1825年，以"达尔文的斗犬"的形象在后世著称的赫胥黎出生了。在公众眼中，他是宣传和捍卫达尔文进化论的英雄，然而故事并没有这么简单。

赫胥黎其人

▲ 赫胥黎像

1850年，伦敦有个名叫托马斯·亨利·赫胥黎的年轻人刚从海外探险归来，他没有带回金钱和珠宝，也没有征服新的土地。四年的航海生涯，赫胥黎积累了大量的博物学知识，收集了许多海洋生物的标本，还写了几篇文章提交给英国皇家学会……他期待着英国科学界给他应得的奖励和荣誉。

然而，他连一份像样的工作都找不到。

出生于中产阶级下层的赫胥黎，没有多余的资产让自己过上绅士式的悠闲生活。对他来说，科学首先应该是一份职业，有足够的收入让自己过上体面的生活，从而成为一位真正的英国绅士。赫胥黎的论文赢得了英国皇家学会的金质奖

章，可他向各个大学求职的请求都被拒绝了。

他研究科学，不仅从追求科学真理中寻求心灵的慰藉，更梦想在科学事实的基础上建立一个美好的世界。

传播进化论的初衷

赫胥黎结识了许多和自己有着相同处境的科学青年，找一份科学工作是他们的迫切需要，用科学来改变世界则是他们的理想。在他们眼中，贵族制、等级制和庇护制盛行，由教士和业余爱好者主宰的英国科学界就是英国社会的缩影，改革的愿望让他们走到一起，共同的经历让他们抱成一团。赫胥黎是这些科学青年中的领军人物，他还和伦敦的中产阶级激进文化圈打成一片，社会改革和科学改革在他那里是同一件事情。

托利党贵族和教士的宠儿、老一代科学绅士中的代表人物欧文，已经提出了上帝连续创造物种的观点。因此，赫胥黎必须要对物种问题有一个自然主义的解释，不诉诸上帝的作用，只要自然的解释。怎么办呢？他认识达尔文有好几年了，这几年随着他的地位的上升，达尔文和他的关系越来越密切，他也逐渐了解了达尔文的进化论。达尔文的学说存在理论缺陷，但至少它和上帝无关。他感觉到了和欧文算总账的时候了，那就让达尔文去反对欧文吧。

1859年，《物种起源》一书出版了，赫胥黎在《泰晤士报》上写了一篇书评，主要是批评英国的自然神学，攻击所有在科学研究中诉诸上帝的做法，里面夹杂着对欧文的讽刺和嘲笑，最后赞美达尔文的勤奋和天才，概括地介绍达尔文的假说。他还给达尔文写了一封信，说自己已经磨好了牙齿和爪子，随时准备为达尔文作斗犬，撕咬那些敢于反对达尔文的人。

与达尔文的分歧

赫胥黎把自己的阵营打扮成"达尔文主义者",其实,这些人中没一个完全接受了达尔文的学说,唯一的共同点就是倾向于接受自然主义的解释。在进化论提出以后,是将自然选择作为理论还是假说,这曾是达尔文本人和争论各方关注的焦点问题。而赫胥黎恰恰是最坚决地将自然选择称作假说的人,并且从未在这一基本立场上有过任何动摇。

1859年,赫胥黎在《达尔文的假说》一文中,将拉马克的进化论、钱伯斯的系统发育进化论和达尔文的进化论都划归假说的行列。他承认达尔文的进化论是其中最巧妙的一个,在解释生物地理分布等诸多自然现象上要高出一筹。但是,赫胥黎对于自然选择能否产生出新的物种表示怀疑,强调它没有得到证实,其谬误程度可能和拉马克的用进废退相去不远。

赫胥黎用两种不同的物种概念——形态学的物种(morphology species)和生理学的物种(physiology species),对自然选择进行考察,他强调达尔文的论证是建立在自然选择和人工选择相互类比的基础之上的,而这恰恰是达尔文论证的缺陷所在。赫胥黎根据自己的物种概念对品种和物种做了区分,认为人工选择产生的是新的品种(races)而不是新的物种(species)。人工选择产生的新的品种符合形态学的物种概念的要求,它具有和来自共同祖先的其他品种完全不同的类型,但是不满足生理学的物种概念的要求,和来自共同祖先的其他品种之间并不存在生殖隔离。

赫胥黎还长期公开反对渐变论。在1860年发表于《威斯敏斯特评论》的文章中,他宣称物种转变以跳跃的方式发生,而非达尔文主张的渐变的方式。他认为无论是过去还是现在,自然的确进行着跳跃。承认这个事实,对于消除许多反对物种转变学说的意见来说是相当重要的。

在赫胥黎看来,自然选择,生物活着就是为了繁衍和适应环境,这些东西不但在科学上无法证实,而且太功利,太违背伦理道德。自然多美呀,花

多美呀，海星多美呀，这些美能有什么功利的目的？

不过，这一切都得在宣扬达尔文主义的口号下进行，必须把对达尔文学说的异议限制在自己的小圈子里，对外则统一口径，打击和扑灭一切敢于反对达尔文的思想。

尾声

到了赫胥黎的晚年，达尔文主义掀起了一股仇恨和斗争的风气。赫胥黎很悲观，但他还是警告人们不要没有反省、盲目地接受达尔文进化论。他说达尔文进化论正在沦为迷信。他希望人们讲良心、自我约束和互助，不要像自然那样只为生存斗争。

在他去世近半个世纪后，他的孙子奥尔德斯·赫胥黎写了一本《美丽新世界》，给人们描绘了受生物技术操纵的未来，警告人们这个世界已经被科学所左右，大家得准备好接受即将来临的恐怖。这些预言有些已经发生，有些正在发生。

作者：柯遵科（中国科学院大学人文学院）

7 地球上最早出现的动物，究竟有多早

● 奇虾

奇虾是一类体型巨大、身体造型奇特的节肢动物，其化石被发现于 5.2 亿年前的寒武纪地层。它被认为是**显生宙海洋生态系统中最早的顶级捕食者，也是寒武纪大爆发中最具代表性的明星动物之一，体长最大可达 2 米**。

奇虾的身体由非骨骼化的软躯体构成，只存在于特异埋藏的软躯体化石库中，且大部分的奇虾化石都是离散的身体部位化石，曾被命名为**不同的物种**。

完整的奇虾类化石十分稀有，最早发现于加拿大寒武纪中期的布尔吉斯页岩生物群，此后也陆续在我国云南寒武纪早期的澄江生物群、摩洛哥早奥陶世的费扎瓦塔生物群和德国早泥盆世的洪斯吕克板岩生物群中产出。

到目前为止，已报道的奇虾类化石已达 13 属 21 种之多，产出于全球自寒武纪早期至早泥盆世大约 1.2 亿年间的 25 个软躯体特异埋藏化石库。

其中，我国云南的寒武纪澄江生物群中已发现的完整的奇虾化石，是由中国科学院南京地质古生物研究所陈均远研究员发现的，相关论文于 1995 年发表在《科学》上，引起

国际社会对澄江生物群的极大关注。

目前发现的奇虾种类,包括以帚状奇虾为代表的传统形态的奇虾类以及赫德虾类奇虾。其中,赫德虾类奇虾的典型特征为位于头部的三分头壳复合体。该头壳复合体由位于背部的一块中板和位于背部两侧的一对侧板铰合而成。

云南寒武纪澄江生物群中已发现至少4种已确定的奇虾类化石,不过此前从未有赫德虾类奇虾的发现。2017年,中国科学院南京地质古生物研究所朱茂炎课题组的赵方臣副研究员和博士研究生曾晗等在英国《系统古生物学》上报道了**在澄江生物群中首次发现赫德虾类奇虾**。研究人员在对比所有已报道奇虾头壳的基础上归纳得出:赫德虾类奇虾的双层壳体是所有奇虾头壳的共同特征,并且其乳头状瘤点是绝大多数赫德虾类头壳的共同特征。

左列为传统形态的奇虾类的代表,右列为赫德虾类奇虾的代表

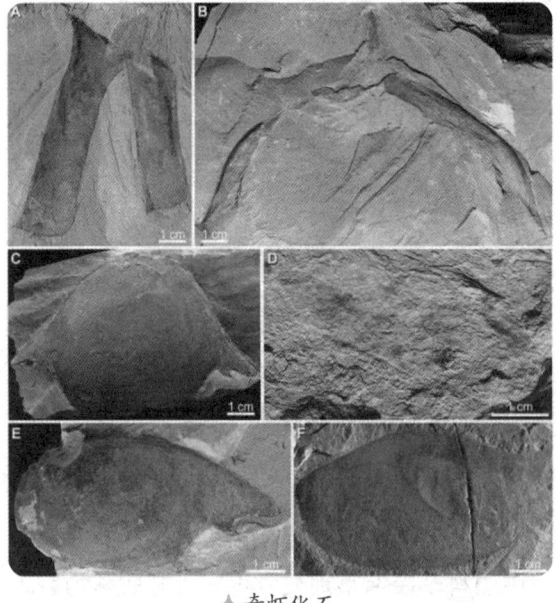

奇虾化石

赫德虾类奇虾头壳的大型化、复合构成和高度的形态分异，与传统形态的奇虾类头壳的小型化、单片构成和保守的卵状外形形成鲜明的对比，反映了这两类奇虾在身体造型上的显著差异和不同的演化方向。

澄江生物群中多种类型奇虾化石的发现，也表明大型捕食型奇虾类动物在寒武纪大爆发的早期已经高度多样化，证实了类似现代海洋的复杂食物链和生态系统在寒武纪大爆发时期就已经形成。

那么，这种生活在距今 5.2 亿年前的"吃货"会是地球上最早出现的动物吗？很显然，不是。

那地球上最早出现的动物是什么？迄今为止，就数中国科学院南京地质古生物研究所殷宗军博士等人在 2015 年瓮安生物群中发现的贵州始杯海绵了。但是其年龄对于古生物学家来说一直是个谜。

贵州始杯海绵

不过，2018 年，中国科学院南京地质古生物研究所的古生物学家周传明研究员等人，在湖北省宜昌市樟村坪的剖面埃迪卡拉系陡山沱组的上磷矿层顶部，发现了一层凝灰质岩石，并通过 SIMS 锆石 U-Pb 获得其年龄为 609 ± 5 Ma（注：Ma 即百万年）。

详细的岩石地层学、同位素化学地层学和生物地层学对比显示，湖北樟村坪剖面上磷矿层和贵州瓮安磷矿剖面上磷矿层（瓮安生物群的产出层位）为同一时期的沉积。

因此，该数据限定了埃迪卡拉纪瓮安生物群的年龄为 609 ± 5 Ma。

说起瓮安生物群，其主要产于我国贵州瓮安埃迪卡拉系陡山沱组含磷地层。

它以磷酸盐化方式精美保存了多种类型的微体真核生物化石，包括带刺疑源类、多细胞藻类，以及管状和球状微体化石，其中一些球状化石曾经被解释为动物胚胎和微体后生动物，随后这些化石的生物属性在国际学术界引起了持续而深入的争论。

这类生物群为新元古代全球性冰期结束后多细胞真核生物的辐射提供了关键的化石证据。

然而，地质学家们长期以来都没有获得其可靠的年龄，前人有过的报道也只是瓮安磷矿陡山沱组磷块岩全岩 Pb–Pb 等时线年龄为 572～599 Ma（即 5.72 亿～5.99 亿年），但是可靠性和精确度都没有得到学术界的认同。

瓮安生物群放射性同位素年龄的缺失在一定程度上影响了人们对埃迪卡拉纪生物演化进程的认识，部分学者认为瓮安生物群的出现早于埃迪卡拉动物群，但也有部分学者认为瓮安生物群和埃迪卡拉动物群是同步演化的。

瓮安生物群的年龄被限定在 609±5 Ma，也就是说，作为地球上最早出现的动物，瓮安生物群中的贵州始杯海绵，出现在距今约 6.09 亿年。但是这 6.09 亿年到底是怎么得到的呢？这就要先说说凝灰质岩石。

顾名思义，凝灰质岩石就是指凝结火山灰等碎屑物质而成的岩石。

这种岩石里面常有一种名为锆石的硅酸盐矿物，形成于岩浆喷出地面冷却之际，其中往往含有铀和铅等元素，而且这些元素不容易从锆石矿物中流失。

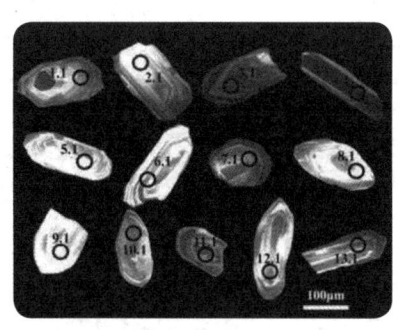

实验用的锆石

作为放射性同位素的铀有着稳定的半衰期，衰变后会变成铅，只要**通过检测锆石中的铀铅比例并进行计算，就可以推算锆石形成的时间，也就是岩**

浆喷出地面并沉积的时间。

但是，保存瓮安生物群的地层及其上下层位中，一直没有找到凝灰质岩石沉积，更不用说测年龄用的锆石了，而其他用来测年龄的方法和材料，误差实在太大。鉴于湖北樟村坪剖面上磷矿层和贵州瓮安磷矿剖面上磷矿层（也就是瓮安生物群的产出层位）为同一时期的沉积，研究人员就可以将樟村坪剖面上磷矿层与现有的资料进行对比，用数据限定埃迪卡拉纪瓮安生物群的年龄了。

这次发现以强有力的证据证明，瓮安生物群的出现是早于埃迪卡拉动物群（距今 580 Ma）的。

作者：中国科学院南京地质古生物研究所

8 长臂猿：我不只是个跑龙套的类人猿

大多数人对类人猿的了解来自一些科幻电影，比如《泰山》《金刚》《猩球崛起》等，这些电影的主角都是类人猿（包括黑猩猩、大猩猩、猩猩），也突出了"类人"二字，即有与人类相似的智商、情感以及群体行为。不过在这些电影中，有一种类人猿几乎没有出现过，即使出现，最多也只是跑个龙套，它就是长臂猿。

长臂猿总是跑龙套的原因，可能是人们对它并不了解，把它当作猴子。这在现实中是有佐证的，比如，在我国长臂猿栖息地周边的人们习惯称长臂猿为"风猴""黑猴"等。

但其实，长臂猿是类人猿。目前公认的是，灵长类动物在6500万年前分化出来，至今共有481种。灵长类动物通常被分为两个大类：原猴亚目和简鼻亚目。简鼻亚目分为跗猴型下目和类人猿下目两个下目。类人猿下目又可分为阔鼻小目和狭鼻小目两个小目。

类人猿泛指人猿总科的物种，人猿总科属于狭鼻小目，在2500万年前从旧世界猴中分化出来，这一总科中包括长臂猿科和人科，类人猿与人类的亲缘关系由近到远依次是黑猩猩、大猩猩、猩猩和长臂猿。

● 第二部分 进化史中的亮点

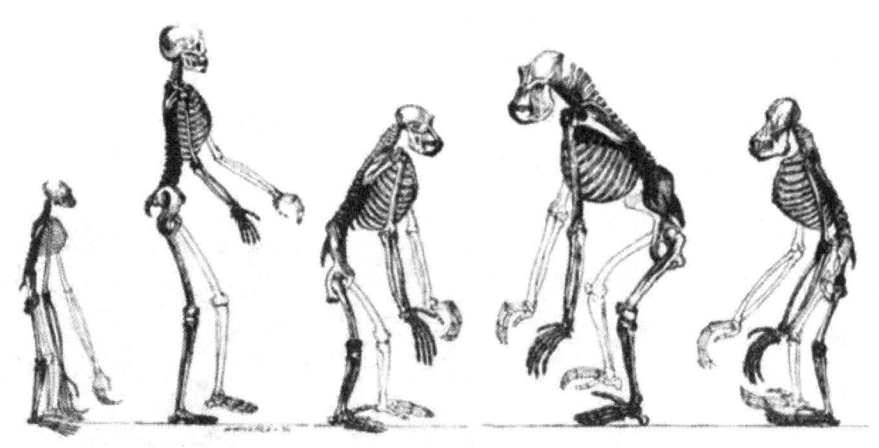

🜢 猿类骨骼示意图，从左到右依次是长臂猿、人类、黑猩猩、大猩猩、猩猩。当然，实际大小的差异比图片显示的更大

从解剖特征来看，长臂猿是类人猿里最像猴子的猿，相对于其他猿类（黑猩猩、猩猩、大猩猩），个体小很多，体型大小的性二型差异最小，即雄性和雌性大小相似，所以又称为小猿。长臂猿长臂灵活，在树栖哺乳动物中移动速度最快，纵身一荡便可飞出八九米的距离，要不是没有尾巴，简直就是一只猴子，行为习性都显示出对树栖生活极强的适应性。

既然被称为类人猿，长臂猿的行为也有像人的地方，比如它经常在树上依靠两足行走，从背影看，就像人在树干上行走似的。

鸣叫是所有长臂猿都有的一个重要且特殊的行为，每天清晨，长臂猿都会鸣叫，多是由雄性发起，雌性配合，形成"二重唱"，每一种长臂猿都有属于自己的"流派唱法"。

长臂猿的鸣叫，除了达尔文指出的吸引异性的功能外，还具有许多功能，比如对外界宣告领地、显示身体条件和家庭关系。

说到长臂猿的鸣叫，不得不提到伟大诗人李白千古流传的诗句："朝辞白帝彩云间，千里江陵一日还。两岸猿声啼不住，轻舟已过万重山。"诗句中猿声啼叫的地点"白帝城"是长臂猿的历史分布区，不过由于栖息地丧失、捕猎等多种原因，现在我国的长臂猿仅零星分布于云南、广西和海南地区。

长臂猿多数是一夫一妻的社会系统，和现代人类的家庭很相似，夫妻团结是家庭稳定的根本。

在所有类人猿中，长臂猿的种类最多样，共有4属19种，是其他类人猿种类的10倍。

2017年1月12日，中国科学院昆明动物研究所、云南省林业厅、中山大学等单位联合召开了高黎贡山白眉长臂猿新种命名发布会。

▲ 雄性天行长臂猿在给雌性理毛（图片来源：云山保护）

经过中山大学范朋飞团队近十年的研究努力，高黎贡山白眉长臂猿有了新的名字——天行长臂猿，研究论文发表在《美国灵长类学杂志》上。天行长臂猿的发现更进一步提高了长臂猿的多样性，从19种增加到20种，这一发现引起了国内外媒体的高度关注。

在分类学上，通常认为长臂猿科白眉长臂猿仅有1种，包括2个亚种，以缅甸境内的钦敦江为界，分布于东西两岸。

2005年，著名的动物学家格罗夫根据毛色形态差异，提出将2个亚种升级为2个独立种，即东白眉长臂猿和西白眉长臂猿。

分类的依据主要有两个。一个是形态上的依据，东白眉长臂猿的成年雄性有两条明显分开的白色眉毛，下巴普遍长有白色胡子，阴毛为白色，成年雌性四肢颜色比身体其他部位颜色淡；西白眉长臂猿的成年雄性的白色眉毛不能截然分开，中间有白色毛发相连，下巴上白色胡子较少，阴毛为黑色或灰色，成年雌性四肢颜色与体色相近。另一个是地理分布上的依据，即钦敦江是这两个物种的分界,西白眉长臂猿分布于西岸,东白眉长臂猿分布于东岸,这种分隔阻断了基因交流,符合异域成种理论。

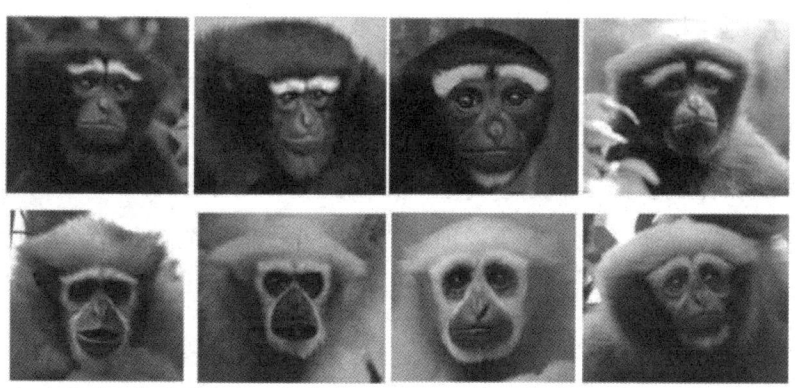

从左到右依次是西白眉长臂猿、西白眉长臂猿米山亚种、东白眉长臂猿、天行长臂猿(上雄下雌)

天行长臂猿原被认为是东白眉长臂猿分布于高黎贡山的一个种群。现中山大学的范朋飞团队基于形态学、分子系统发育学以及地理分布的证据将其定为长臂猿新种。

天行长臂猿与东白眉长臂猿的形态区别主要体现在毛色差异上。例如,雄性天行长臂猿的白色眉毛颜色比东白眉长臂猿的略暗,下巴没有明显的白色胡子;雌性天行长臂猿的白色脸毛颜色略暗,且白色脸毛覆盖脸部的面积明显小于东白眉长臂猿。

从地理分布上来看,恩梅开江(伊洛瓦底江源头之一)成为隔离天行长臂猿和东白眉长臂猿的重要障碍,就像缅甸的钦敦江隔绝了东白眉长臂猿和西白眉长臂猿的交流,印度的察隅河隔绝了西白眉长臂猿米山亚种和其他长臂猿的交流。

现在,天行长臂猿主要分布在恩梅开江以东的高黎贡山,东白眉长臂猿分布在恩梅开江以西的缅甸境内。

种种证据都将天行长臂猿推到了独立物种的舞台,并且分子遗传学证据也表明这个物种与典型的东白眉长臂猿在距今约49万年前就已产生分化。

新种为何这么重要？我们对大自然的认识，是从分类开始的。生命之树的每一个最小分支，都是一个分类单元，人们称之为物种。

物种是生物多样性的一个基本单元，保护国际（Conservation International）将地区的物种数目和特有物种数目作为生物多样性热点地区的评估依据，世界濒危物种保护联盟（IUCN）将物种作为评估野生动物濒危等级的基本单元，国家的生物多样性丰富度以物种数目为基准。物种为科学、理性的比较研究提供客观依据。我们对于物种了解得越多，也就越能理性地认识世界，尤其在当下气候变化过程中对生物多样性变化做出合理的分析和预测。

长臂猿是在我国分布的唯一一类人猿，根据2000年以后开展的多次长臂猿种群分布调查，我国目前约有331群长臂猿。

由于受到栖息地退化丧失和破碎化、非法捕猎、人为活动干扰等威胁，曾经在我国分布的6种长臂猿中，白掌长臂猿和北白颊长臂猿均已被报道野外灭绝。

西黑冠长臂猿种群数量最大，也仅有1000只左右，主要分布于滇中无量山和哀牢山一带，以及零星分布于永德大雪山和金平芭蕉河的小种群；东黑冠长臂猿在我国境内仅有4群25只，海南长臂猿全世界仅有3群26只。这两种长臂猿都曾被列为全世界最濒危的25种灵长类之一。

而新种天行长臂猿，我国境内大约有150只左右，有证据显示缅甸可能也分布有较小的种群，所有的天行长臂猿都面临着捕猎、栖息地退化丧失等威胁。

新种的发现，提醒我们这一物种远比我们认为的更为稀有，生存状态也更濒

天行长臂猿母子（拍摄者：李彬彬）

危；也提醒我们，物种是生物多样性的基本单元，同时也是我们认识世界的基础方式。

物种的存在及相互联系使自然界和谐统一，我们对物种理解得越深，就越能看清生态系统的维持机制。

作者：管振华（西南林业大学）、闵锐（中国科学院昆明动物研究所）

第三部分

数学史中的故事

第三部分
数学史中的故事

9. 如何用数学证明"只可意会,不可言传"

△ 哥德尔

在生活中,我们常常听到人们谈起某件事、某类技艺时感叹:只可意会,不可言传。

那么,究竟是人类的语言词汇贫乏,还是真的有某种神秘的力量让人臣服于大脑表达的无能呢?让我们从数学家哥德尔说起。

哥德尔,著名数学家、逻辑学家、哲学家,生于捷克的布尔诺,1924年到维也纳大学攻读物理,两年后转读数学,1930年获博士学位。后来,哥德尔去了普林斯顿高等研究院,在那里,他成了爱因斯坦一直找寻的谈伴,并被爱因斯坦视为知音。

他被誉为自亚里士多德以来人类最伟大的逻辑学家。计算机之父冯·诺依曼曾这样评价他:"哥德尔在现代逻辑学中的

△ 哥德尔与好友爱因斯坦

成就是非凡的、不朽的——他的不朽甚至超过了纪念碑，他是一个里程碑，是永存的纪念碑。"

那么，哥德尔究竟做出了什么贡献呢？

这就不得不说到哥德尔在1931年证明的一个定理——哥德尔不完备定理，正是这个定理让哥德尔名垂千古。这一定理的成果直接影响今天的人工智能和大脑神经科学的前沿，并且也必将在未来人类的发展中起到至关重要的作用。

哥德尔不完备定理的主要内容是：

在任何一个相容的形式化数学理论中，只要它可以在其中定义自然数的概念，就可以在其中找出一个命题，在该系统中既不能证明它为真，也不能证明它为假。

换句话说：一个包含自然数的体系下，存在着一个问题，在该体系的基础公理下永远也不能证明该问题是对的，同时也永远无法证明该问题是错的。

在数学的历史上，曾经多次出现这样的问题。举世闻名的费马大定理就曾经让数学家陷入这样的困惑。在300多年的漫长探索中，很多数学家对费马大定理能被证明或给出反例都表示出极大的悲观。而另外两道世界知名的数学难题——哥德巴赫猜想和黎曼猜想，由于哥德尔提出了"幽灵般"的不完备定理，迄今为止，也被少数数学家悲观地预测为既不能证真也不能证伪的问题。

但是，这也并不表示此类问题就没有解决的希望，只不过是基于数论的基础公理无法证明该类问题而已，人们需要利用其他形式系统的方法来实现跨界证明。费马大定理最后就是利用椭圆曲线的工具才得以完美解决的，1995年，英国数学家怀尔斯在潜心面壁8年后终于解决了这个困扰人类358年的难题。

如果哥德尔不完备定理只是在数学领域显示出顽强生命力的话，那么它的影响力要有限得多。而让它真正大放异彩的，是其随后在计算机和人工智能浪潮中的应用。

数学建立在一系列公理之上，在逻辑推理的辅助下往各个方向无限延伸。构成数学推理的语言是一套符号运算系统，在基本公理的基础上，人们可以依靠逻辑递归地推导出一系列毋庸置疑的结论。

哥德尔不完备定理其实揭示了这种基于数论有限公理的形式主义逻辑的不完备性，即人们可以在其中添加无限多的公理，而与之前的公理没有任何矛盾，且这些新加入的公理无法用之前的公理递归枚举得出。这对当代的计算机科学有着深远的影响。

众所周知，现代的计算机都是基于冯·诺依曼提出的二进制数字运算的基本原理和一系列基础公理，其执行一般由输入、处理和输出组成。尽管计算机在速度和执行效率上有了日新月异的发展，但是其处理数据的思路仍然是基于一定的递归规则运算来判断命题的真伪，从而输出结果。

然而哥德尔不完备定理却无情地揭示了计算机的隐患：至少存在一个命题，递归程序无法判断其真伪。系统在处理这样的问题时必然陷入无限卡壳的状态。

解决这一致命缺陷的办法只有无限扩展公理集，但由于计算机的存储容量始终是有限的，因此我们永远也无法造出完美的计算机。这样，基于冯·诺依曼理论构建的计算机从诞生开始就有着先天的"基因"缺陷。

也正因为如此，一些数学家认为人类的"直觉"不受该定理的限制，所以计算机永远不可能具有人脑的能力。人工智能无论如何发展，也无法具备人类的智慧。

但另外一些研究指出，人类思维也是不完备的，人脑的"思考"和电脑的"运算"基本原理一致。电脑用电子元件的"开、闭"和电信号的传递进行运算，人脑则相应表现为通过神经元的"冲动、抑制"和化学信号的传递进行思考。

这种相似的联系直接导致人脑的思考也符合哥德尔不完备定理的条件，因此人类的思维系统也是不完备的。在生活实践中，人们通过思考来建立对世界的客观认识和进行描述，而语言则是人们互相交流思考结果的有力工具。

对人脑而言，思维推理系统的不完备也就意味着存在不能用思维证实的问题。

简而言之，因为思维是客观实在的近似反映，语言则是思维的近似表达，现实中总有那么一些问题或者想法，我们无法用思维来证实或者否定，从而也就无法用语言来完全准确地表达我们的思想。

这就是我们"只可意会，不可言传"背后的数学原因。

作者：黄逸文（中国科学院数学与系统科学研究院）

10 一元三次方程的求解之路

今日文明成就的取得,是谁在辛勤地耕耘?昔日文明创造的艰辛,又有多少汗水融入历史的尘埃?让我们拨开历史的迷雾,去看看那些在科学史上为人类的福祉奉献一生、为文明的历程抛洒汗水的英雄。也许,他们最初的出发点仅仅只是为了满足自己的好奇心,想要去解决一些有趣的问题,但是,他们的智慧和成就却永远影响并改变了后人的生活,他们的经历书写了人类探索世界最波澜壮阔的科学史诗。

科学的皇后——数学

公元前800年至公元前150年,人类迎来了文明的第一次爆发,百家争鸣的局面在东、西方同时打开。14世纪,文艺复兴的兴起,人类文明迎来第二次飞跃。

文艺复兴以后,科学的蓬勃发展催生了很多基于数学的实际问题。1390年,数学作为官方的教学课程,被意大利的大学所认可。1450年,在罗马教皇的授权下,数学成了大学的必修课程。

在此后的悠悠岁月里,作为科学的皇后,数学让我们用理性武装头脑,引领着追求真理的人们披荆斩棘、开天

辟地。

在数学的辅助下，和我们休戚相关的物质世界化作一个个巧夺天工的方程式，静静地述说着宇宙的神奇和秘密。

从描述微观世界的量子方程到阐释宏观物体的牛顿定律，再到描绘广袤宇宙的相对论，数学为我们展现了一幅幅惊心动魄的历史画卷。留下这些画卷的英雄，连同他们的汗水和血泪，共同缔造了今日的信息帝国。

一元三次方程的求解

求解之路

最简单的方程是一元一次方程，其基本形式是"$ax+b=0$（a、b为常数）"。

稍微复杂一点的是一元二次方程，如"$ax^2+bx+c=0$（a、b、c为常数，且$a\neq 0$）"。今天，这个方程的解法早已成为初中生的必备知识，然而回顾历史，人类直到13世纪才找到解它的办法。

在一元二次方程问题被彻底解决后，一元三次方程的求解吸引了更多人的关注。

尽管在古希腊时代就有人研究过类似"$x^3+ax+b=0$（a、b为常数）"这种形式的一元三次方程，但是由于缺乏必要的数学工具，当时人们对这个方程仍然知之甚少。谁也不曾想到，这条求解一元三次方程的路，人类竟然走了300多年。

多方博弈

一元三次方程的求解之路，起源于文艺复兴的发源地——意大利。

1501年，36岁的波伦亚大学数学教授费罗偶然听到意大利数学家卢卡·帕乔利关于一元三次方程求解的一次演讲。帕乔利声称可以写出许多一元三次方程的精确解，其精妙的求解技巧让费罗迷上了一元三次方程。在苦心钻研14年后，费罗终于能部分解类似"$ax^3+bx+c=0$（a、b、c为常数，

且 $a\neq 0$）"这样简化的一元三次方程。

当时的科学家们对自己的发现往往讳莫如深，他们更喜欢参与辩论，用手中掌握的科学知识在辩论赛中击倒对方，从而为自己赢得荣誉和地位。也正是因为这样的原因，费罗并没有公布自己的解法，只是将全部心得传授给了他的两个学生：那维和费奥雷。

费罗去世以后，费奥雷继承了导师的衣钵，通过8年的潜心研究和充分的思想准备以后，他向当时的著名数学家塔尔塔利亚发起了求解一元三次方程的挑战。

1535年，两人的公开对决以塔尔塔利亚的绝对优势胜出。此后，塔尔塔利亚成为一元三次方程世界里最权威的数学家。

与此同时，另一位意大利数学家卡尔达诺按捺不住对一元三次方程求解的兴趣，多次写信给塔尔塔利亚，恳求其教授精妙的解法，然而塔尔塔利亚却拒绝了卡尔达诺的要求。

后来，卡尔达诺写信给塔尔塔利亚，向他保证可以将塔尔塔利亚的一本新书推荐给米兰总督，帮助他迈上高官厚禄的仕途。经不住巨大的利益诱惑，塔尔塔利亚终于同意和卡尔达诺当面交流。

《大术》问世

卡尔达诺带着他年仅16岁的学生费拉里去找塔尔塔利亚，塔尔塔利亚把心中的秘密告诉了卡尔达诺，并让卡尔达诺立下不可泄密的重誓。

4年后，卡尔达诺听说费罗的学生兼女婿那维还有更多关于一元三次方程的解法，于是和费拉里又去拜访了那维。回来后，卡尔达诺写成了代数学的伟大著作《大术》。

在该书中，卡尔达诺和费拉里极其详细地研究了一元三次方程的求解方法。他们还首次发现一元三次方程的解有可能是一类无比"诡异"的数字，这就是后来被数学家高斯发明的虚数i。

塔尔塔利亚对此极其愤怒，他对卡尔达诺的背叛耿耿于怀。与此同时，卡尔达诺却深信自己的贡献已经远远超越了塔尔塔利亚的成就。

在针锋相对无果之时,塔尔塔利亚与费拉里开始了另外一轮辩论,但是与昔年他跟费奥雷的辩论结果不同,这一回塔尔塔利亚惨败。

一年后,塔尔塔利亚失去了布雷西亚的教职,而费拉里却仕途高升,成了米兰总督钦点的税务长官。

正所谓成也萧何、败也萧何,13年前,因为一元三次方程的辩论一战成名的塔尔塔利亚,如今又因为另一场一元三次方程的辩论而身败名裂。

从1501年费罗遇到帕乔利到1545年卡尔达诺《大术》的出版,一元三次方程的求解终于从举步维艰到有了突破性进展,此后,数学家又把目光投向了更高的四次、五次方程。然而四次、五次方程的求解之路,却让此后300多年最为杰出的数学家走得分外曲折。这条漫漫征途,也成为有史以来数学家遇到的最为困难的挑战之一。谁也未曾料到,破译高次方程的密码,最终打开了通往现代群论的大门。

作者:黄逸文(中国科学院数学与系统科学研究院)

11 从志同道合到分道扬镳：数学与哲学之间的恩怨情仇

🔹 柏拉图学园

数学和哲学，几乎同时诞生于遥远的古希腊，共同构成了那个时代文明的骄傲，它们在历史上有着千丝万缕的联系，也一直寄托着彼时人们对生活和精神的向往。**曾经，它们唇齿相依。**

公元前3世纪，古希腊哲学先贤柏拉图在他的学园入口处写道："不懂几何者，禁止入内。"

柏拉图认为数学是理性哲学的前提条件。数学和哲学，就这样第一次携手走进了柏拉图的理性乐园，也奠定了西方2000年理性文明的基础。柏拉图影响了后世无数杰出的数学家和哲学家，笛卡尔、斯宾诺莎、康德等都是柏拉图坚定的支持者。

柏拉图之所以赋予数学如此重要的地位，将它视作理性主义的基石，其根源在于**数学有着超越其他学科的先天优势**。

当时人们认为，在数学的世界里，任何一句断言都可以得到肯定或者否定的论证,且这种论证不会随着时间更改。每一个数学定理就是一座历史的丰碑,一旦树立,就千载不倒,成为后世数学家的标杆。数学定理中展现的严谨结论更是穿越时空的通行证,以至于伽利略曾经盛赞"宇宙是用数学的语言书写而成的"。这种绝对的真理观为数学确立了坚不可摧的理性基础,每一个数学证明从诞生起就经得起任何人的检验。

这和古代的神话与宗教截然不同。基于数学的叙述只依赖于理性论证,完全独立于客观世界和精神家园,其原则可以接受任何的质疑和辩驳。那么,哲学将前提建立在数学之上,也就有了形式上的保障。从此,数学和哲学就紧密地联系在了一起。

数学成了哲学的前提,但是它们又有本质的不同。哲学的基础是数学,却又高于数学。

柏拉图将知识分为四个等级,人们在获取知识的过程中需要经历四个阶段。

第一个阶段是感觉和想象表达的结合。其对象是可感事物的影像,比如影子、水中的倒影等。

第二个阶段是信念。信念的对象是可感事物的影像原物,如找出影子的本体。

第三个阶段是思想。思想处理的对象处于感性世界和理念世界之间,思想处理的知识处于感性认识和理性认识之间,比如数学。

柏拉图像

第四个阶段是理性。理性认知的对象是理念,理念就进入纯哲学的层次。只要还追求对事物的更完满的解释,我们就永不会满足。但是拥有完善的知识将要求我们把握所有事物相互之间的关系——也就是看到实在的整体的统一性。有了完善的理智就能彻底地摆脱感性事物的束缚。在这个层次上,我们直接和理念打交道。

近代数学与哲学：共同成长的热恋期

在哲学家的思想深处，他们的理念往往是通过数学的圆满来实现的，比如，在哲学思辨中大名鼎鼎的反证法，就是一个数学工具。

曾经提出"我思故我在"的法国大数学家笛卡尔，是现代哲学的奠基者。他同时也在现代数学史上有着自己独一无二的坐标，因创立解析几何而名垂青史。他基于悖论推理的数学论证逐步展开他的哲学蓝图。这种推理形式就是数学的本质。

17世纪的哲学家斯宾诺莎，认为哲学知识如果没有数学的辅助，人们将无法抵达理性的境界。他的名著《伦理学》采用类似欧几里得的《几何原本》的结构，赋予哲学严谨的公理体系和推理证明。从斯宾诺莎开始，哲学开始具有某种几何学的特征，其论证方式因为自然和严谨深受理性主义哲学家的喜爱。以《利维坦》奠定现代政治学基础的哲学家霍布斯也采用了相同的推理结构。他们的思想都受到牛顿

笛卡尔像

斯宾诺莎像

通过数学建立自然哲学的启发，这再一次将数学和哲学紧密地联系在一起。

一个世纪后，德国大哲学家康德在《纯粹理性批判》里更强调了数学的重要作用。一如当年牛顿对数学的高度评价"没有数学，就不会有任何自然科学"一样，康德指出批判哲学的存在完全依赖于数学的理性推导。

后世很多杰出的数学家，也同样是伟大的哲学家，比如19世纪的大数学家戴德金、康托、庞加莱，他们都从对数学的思考中绽放出哲学理性主义的光辉。

蜜月期结束：巨大的分歧

尽管数学对哲学产生过巨大的推动作用，人们在数学的概念上却产生了分歧，这一分歧导致后世对数学之于哲学的重要意义有了不同的解读。

第一种观点继承了柏拉图的实在论，人们认为**数学是独立于我们而存在的对象**。这也是自古希腊时代就被人们认可的观点。

另外一种观点则将数学归于形式论的范畴，这一派认为**数学仅仅是一种纯粹的人为创造，尤其是形式语言的创造**。典型的代表人物如维特根斯坦，他将数学视为众多语言游戏中的一种，并不具备真正的普遍性，人们不能把数学绝对化。19世纪，非欧几何诞生，统治几何学2000多年的欧几里得公理一度被颠覆，给彼时的人们带来巨大的思想震撼。一时间，"公理都会改变"的事实动摇了人们对数学的信仰。这引起了一些人对数学普遍性更为深入的思考。基于此，**维特根斯坦认定哲学并不依从于数学，数学也并没有揭示人类存在的真理**。

🞄 维特根斯坦

在维特根斯坦之前，持同样观点的哲学家黑格尔甚至更加激烈，走向了一个极端。黑格尔以极其冷漠的态度批判了数学中尚待澄清的概念，比如对严格无限概念的理解，一度走到了科学的对立面。随后，**西方哲学的主流开始抛弃柏拉图的实在论，不再将数学推理纳入其思考的体系**。从黑格尔到尼采，直至萨特的存在主义，哲学上的浪漫主义远离了分析证明的理性。

🞄 康德像

与此同时，很多哲学大家仍然支持数学对哲学具有不可替代的作用。康德尽管相信数学是某种先验的形式论，但他认为数学的普遍性毋庸置疑。他和笛卡尔、斯宾诺莎一样，坚持认为数学的出现为哲学铺平了道路。

后来，它们分道扬镳

时至今日，数学和哲学渐行渐远，构成了人们对生活认知的两极。

高冷的数学

大众对数学的态度是爱恨交织。人们发现它无所不在，却又对它知之甚少。

它是每个人成长过程中投入时间和精力最多的学科。数学成绩的好坏不仅影响着一个人的信心和选择，还关乎着前途和命运。但大多数人会在完成大学的课程之后，最终和数学分道扬镳。

同时，很多真正以数学为职业的精英数学家，却刻意保持了和大众的距离。他们拥有极富创造力的数学知识，以自己独有的方式进行着极其艰涩的研究，却并不屑于向世人诠释其精妙的意义。数学家的世界，俨然和公众完全隔离，人们无法了解他们的工作方式，遑论他们的研究成果。双方的对立导致了公众对数学工作者的误解以及数学工作者的集体排外。

随着研究的深入，当代数学已经建立起超过 100 个分支的专业领域。人们不仅无法理解数学家的研究成果，不同领域的专家之间也逐渐有了隔阂。复杂性让数学成了一个普通人遥不可及的领域。

尴尬的哲学

艰深的哲学研究在今天也处于极为尴尬的地位。属于西方哲学史的黄金时代已经落幕，原本哲学关注的核心问题渐渐融入其他学科的范畴。如研究"宇宙的本源"的重担转移到物理学，研究"我们从哪里来"的问题被生物学家和遗传学家接手。甚至那些偏向文科的哲学内容，也逐渐被逻辑学、政治学和心理学瓜分。哲学的生命注入了新兴学科的血管里。

与此同时，哲学在人们的生活中更多地融入功利主义的考量。这样的哲学逐渐和伦理学并轨，进入了人们的生活。每个人都可以被视为是哲学家。随着民主化和个性化的社会风潮，每个人都拥有一套个体的生存哲学，并且对不同的观点要么针锋相对，要么保持沉默。这一套观念和昔日哲学先驱们的思想大相径庭，而后者在当代已经被束之高阁，成为极少数人的思想阵地。

孤独的数学家

有一些数学家，往往以天才和怪异著称。

俄罗斯天才数学家佩雷尔曼解决了世界七大数学难题之一的庞加莱猜想，却拒绝了随之而来的菲尔兹奖和100万美元的奖金。他性格孤傲，选择退隐山林，过上了与世隔绝的生活。

另外一位法国大数学家，被誉为代数几何教皇的格罗腾迪克，也选择了在年富力强的时候归隐田园。

1978年，因为徐迟的报告文学《哥德巴赫猜想》而驰名大江南北的数学家陈景润，也留下了不食人间烟火的传奇故事。

陈景润

历史上这样的故事不断在数学家这个群体中重复。大抵数学的创造是孤独的，每一个伟大的灵感都需要数学家离群索居的独立思考，并且长期处于孤僻的状态。

对数学家而言，一个问题久思不得其解是家常便饭。没有人能许诺数学家"经历过风雨，就能见彩虹"。寻找数学问题的答案好像探索未知的迷宫，只有他们自己在孤独地寻找那条通往中心的道路，却全然不知等待他们的是馅饼还是陷阱。经历了绝望、希望，再到绝望，再到希望，每个人的神经都会处于紧张和松弛的反复交替中。如果受到外界的干扰，就容易迷途难返。

因此，**数学家的路注定是一条孤独的小径，数学家也在寻找真理的路途中形成了自己独特的性格。**

忧郁的哲学家

反观哲学家，他们则大多具有诗人的忧郁气质。

从古希腊的源头看，哲学的本质就是追求超脱和爱智求真。哲学家的问题往往具有普适性。他们追问人生的根本问题，通过自己对人生困境的观察来反思这个世界。哲学家在寻求解决途径时，百折不挠。他们带着泪水和欢笑去感受和思考人生，最终提炼出充满人生智慧的哲学思想。这样的哲学也闪耀着人性的光辉，和诗人的气质不谋而合。

天才诗人，能写出独具眼光和深度的文字；优秀的哲学家，能留下遍洒激情和灵性的思想。从这个意义上来看，哲学家与诗人往往心灵相通，他们在寻求一个谜底的同时，同样承受着煎熬。

那些流传了千百年的诗词，无数次走进人们的内心，被人们世代传颂后，每个人或多或少都与诗人共情。人们理解哲学也是如此。哲学家用理性勾画的蓝图，其实深藏在每个人的基因里。人们虽然无法诉说，却能感同身受。这也构成了人们能够独立表达个体哲学的基础。

只不过，那些被用于解构人性本源、世界本质的哲学词汇和推理太过深奥，它们和艰深的数学定理一样，成了人们无法逾越的思想鸿沟。庆幸的是，哲学的诗人气质被人们继承下来，从而形成了个体哲学百花齐放的局面。

数学家和哲学家：我们都需要

人们害怕数学，因为它过于复杂，不能指出明确的生存意义，更不能带

来明显的幸福感。而柏拉图认为任何献身于积极生活、参与到真理过程中的人，一定比那些寻欢作乐的人更加幸福。数学就提供了这样一种可能。

数学的单纯性和纯粹性，杜绝了语言中的欺骗和模棱两可，不受客观世界和人为的干扰，成了清晰无误的自由表达。任何人都可以在其中体验到追求真理的幸福。昔日的人们痛恨数学带来的痛苦，却忽视了数学最重要的不是知识，而是思想。数学的理性推理和思考方式为人们提供了科学解决问题的思路。

哲学则应担负起精神启迪和鼓舞的重责。在商业至上的社会里，个人幸福与否往往和物质的多寡紧密相连。而物质的丰盈只能成为个人当下安全的保障，却不能帮助人们看清前进的道路。哲学就好像远方照射的一束光，指引着人们人生的方向。失去了哲学引导的人生，将在黑夜里难以寻找人生的归宿。

数学和哲学，应该再度携起手来，共同为世人带来更多理性的光芒、更多灵魂的护航。让我们再回头看看柏拉图的学园入口，"不懂几何者，禁止入内"。其实，柏拉图想告诉人们的是，不懂数学的人不能进入的，不是他的学园，而是哲学的殿堂。

作者：黄逸文（中国科学院数学与系统科学研究院）

第四部分

计算机史话

第四部分
计算机史话

12 两千年的数学接力赛催生现代计算机

希尔伯特第十问题：现代计算机的理论源头

图灵奠定了现代计算机的基础，也划定了计算机的理论极限。图灵机的诞生，其背后的核心是一条流淌了近两千年的思想河流。

事实上，**图灵是为了解决著名的希尔伯特第十问题而提出有效的计算模型，进而才做出了可计算理论和现代计算机的奠基性工作**。希尔伯特第十问题则可以追溯至古希腊一位著名的数学家。

公元前 3 世纪，古希腊亚历山大城的数学家丢番图主要研究不定方程。不定方程指的是未知数个数多于方程个数的一类代数方程或者方程组。其中一类系数为整数的不定方程，被后人称为丢番图方程。求丢番图方程的整数解则开启了代数学上最为辉煌的一个分支。比如，著名的费马大定理就是无数丢番图方程中的一个极其简单的特例。这样一个简单的丢番图方程历经 358 年，最终于 1994 年由英国数学家怀尔斯解决。

1900年，德国数学家希尔伯特在巴黎举办的国际数学家大会上，提出了23个著名的数学问题，其中第十个问题雄心勃勃地对所有丢番图方程发起了挑战。问题的核心是"是否存在一个机械步骤，对任意一个不确定的丢番图方程，都能通过有限步的运算，即可以判定它是否存在整数解"。

🟤 希尔伯特

希尔伯特第十问题留下了两个悬念。第一个悬念是科学的"算法"定义。在那个年代，有限的、机械的证明步骤在数学上还没有严格的定义，人们只能凭着感觉去定义这样一种模糊的表达方式。这样一个问题，本质就是"算法"的概念。第二个悬念则是问题的答案。如果问题的答案是否定的，那将意味着可能存在着大量数学问题，人们永远无法知道其答案是否存在，自然也就无法找到解决方法。人们对这样的问题束手无策。

20世纪30年代，图灵和丘奇分别从不同的抽象角度提出了"有效机械算法"的概念。其中图灵提出的图灵机模型倾向于硬件性，且模型直观形象，很快得到了人们的普遍接受。**通过图灵机模型，人们第一次理解了"算法"这一基本的深刻概念。也正因为图灵奠定的理论基础，人们才有可能发明改变现代文明的工具——计算机。**因此图灵被人们尊称为"计算机科学之父"。

然而，图灵的立足点不仅于此。为了解决计算机是否存在着理论上的极限这个悬念，图灵对"计算机"这一概念有了更深的思考，这就是著名的"停机问题"。事实上，图灵机正是他为了论证停机问题才顺带提出的模型。

那么，计算机是否真的存在着理论的运算极限呢？这就需要直接回答希尔伯特第十问题。

在希尔伯特提出著名的第十问题后，很多杰出的数学家对这一问题投入了大量的时间和精力。功夫不负有心人，70年后，问题终于由苏联数学家马

● 第四部分　计算机史话

季亚谢维奇解决。原来世界上存在着无数的数学问题，人们永远不会知道其答案，而且这样的问题远远多于有答案的问题。人类能够认识并解决的问题不过是沧海一粟。因此，**计算机先天就存在着理论极限，它严格受制于人类能够解决的问题集合**。这无疑也证明了图灵当初的远见卓识。

图灵的证明过程深深地受益于彼时的数学进展。**图灵的关键想法源自德国数学家康托在19世纪末开创的无穷集合论。**

▲ 康托

两千多年以来，科学家研究的实体都是基于有限的存在，没有人试图踏入无穷的世界。面对这样一个远远超越人类认知的事物，大多数理性的科学家都选择了回避。自牛顿和莱布尼茨创立了微积分以后，微积分计算的严格性常常被人诟病，迫切地需要数学理论的澄清。到了19世纪，由于分析的严格化和函数论的发展，数学家对无理数理论、不连续函数理论的研究更是需要理解无穷集合的性质。此时，德国数学家康托则独自扛起了挑战无穷的大旗。他以一己之力创造了**集合论和超穷数理论**。

为了认知和把握无穷的集合，康托创造性地将一一对应和对角线方法运用到集合论的奠基性研究中。数学的分支虽然众多，但是几乎所有的数学都离不开集合的概念。从某种意义上说，集合就是一切数学的基础。如果为集合论奠定了公理化的基础，也就等于为数学奠定了基础。

然而，任何超越时代的贡献都难以在当时被世人承认。康托也为此付出了极其惨重的代价。他的成果遭到同时代其他数学大师无情的嘲讽。他们组成反康托的联盟，对他进行科学和精神上的双重羞辱。备受打击的康托终于精神崩溃，一度患精神分裂症，最终于1918年在德国一家精神病医院郁郁而终。

历史终究是公平的，康托在集合论方面所做的工作终于将数学置于前所未有的坚固基石之上。19 世纪的数学因为他的工作而看到了真正的曙光，分析不严密性的问题由此得到了解决，悬在数学家心中的一块巨石终于尘埃落定。自康托起，集合论成为数学最基础和最重要的理论分支之一。

让康托意想不到的是，他在研究无穷集合时所发明的对角线方法为后世科学家提供了灵感。20 世纪无数重大的理论成果都受益于此，数学和哲学的面貌也因此焕然一新。比如停机问题、哥德尔不完备定理，都是该方法的延伸。这些成果最终造就了今日的信息文明，特别是计算机的发明。

从表面上看起来，康托的集合论为数学建立了牢不可破的公理体系大厦。当这座大厦快要完工的时候，再次出现了波折。这次掀起滔天巨浪的是英国数学家罗素。

◆罗素

罗素悖论彻底粉碎了数学家的梦想。罗素悖论的一个通俗版本是："村子里有一个理发师，他给自己定了一条规矩，'只给村里所有不给自己理发的人理发'。现在就要提问，这个理发师该不该给自己理发？"不管如何回答这个问题，都会自相矛盾。这个问题本身似乎就具有不可调和的矛盾。正是因为这种奇怪的逻辑，罗素颠覆了整座数学大厦的基础。

数学是最为严格的科学，然而集合论中居然存在着这样明显而根本的矛盾。为了避免罗素悖论的产生，人们开始通过细心地选择数学公理重新构建精确唯美的数学体系。1917 年，希尔伯特提出一整套数学纲领。他希望找到一套公理体系，它能够排除悖论，并挽救精确纯粹而美丽无瑕的数学。他试图证明，在任何一个无矛盾的形式系统中所能表达的所有陈述能够被证真或证伪。在这个系统里不会再出现类似罗素悖论这样的思维怪圈。

然而，14 年后的 1931 年，奥地利裔数学家哥德尔对不完备定理的证明彻底颠覆了希尔伯特形式化数学的宏伟计划。通俗地说，就是任何一个数学的公理化体系都不是"完美的"。任何数学公理化系统都需要人为地从外界注入新的公理进去，才能日趋完善，而它自己并不能完全自动避免矛盾产生。

哥德尔不完备定理在数学界掀起了轩然大波，它蕴含着深刻的哲学意义。这一理论告诉人们：即使是最完美、最纯粹的数学，也都无法保证自身的完全性，更进一步，纯粹完美的世界并不存在。令人惊异的是，哥德尔证明不完备定理的主要思想与罗素悖论的方法、康托的对角线法是一脉相承的。更让人意想不到的是，**哥德尔在证明中引入了"程序即数据"的理念。这也是现代冯·诺依曼式计算机的一个核心思想。**

历史的发展总是出乎意料。康托创立集合论是为了给整个数学打下坚实的基础，特别是分析的严格化问题。罗素却在集合论的大厦基石上凿出了一道裂痕，继而引发了数学史上第三次重大的危机。当希尔伯特雄心勃勃地提出形式化猜想时，其目的是为数学证明找到一劳永逸的逻辑推理方式，从而避开罗素悖论的陷阱。此时，哥德尔不完备定理却彻底粉碎了这份美好的愿望，将数学带到更深的矛盾之中。奇妙的是，哥德尔在证明中引入的观点却成为后世冯·诺依曼式计算机的核心理念。

在希尔伯特第十问题的启发下，图灵和丘奇分别提出了图灵机和 λ 算子这两个概念。图灵机侧重于将数学概念物理化，它的提出就隐含了实际的物理实现。多年以后，冯·诺依曼遵循图灵机的概念，提出了奠定现代计算机体系结构的冯·诺依曼体系结构。在冯·诺依曼计算机中，一种数学计算已经变成了一条指令。

此后，冯·诺依曼提出的程序数据存储的思想弥补了图

冯·诺依曼

灵机无法将指令存储起来重复使用、没能形成实现程序的结构设计这两点缺陷。

与此同时,丘奇的 λ 算子则是纯粹数学推理系统的一种形式化。他从纯数学的角度进行抽象,不再关心运算的机械过程,只关心运算的抽象性质。丘奇在几条简洁的公理基础上建立起了与图灵机完全等价的计算模型,由此奠定了函数式编程语言的基础。

自此,现代计算机所需要的硬件和软件的理论基础已经全部搭建完成,它的诞生水到渠成,而摩尔定律在制造工艺上保证了计算机能力的指数提升。在经历半个世纪的突飞猛进后,我们终于迎来了移动互联网的时代,同时伴随着大数据、人工智能等造福人类的技术相继登场。

从丢番图起,人类一直在探索真理的道路上匍匐前行。康托、罗素、希尔伯特、哥德尔、丘奇、图灵、冯·诺依曼、香农等伟大的科学家共同铸就了人类历史上伟大的发明——计算机。**每一位杰出的科学家都站在巨人的肩膀上,走得更高更远,最终将我们带入了高度发达的信息化时代。**

作者:黄逸文(中国科学院数学与系统科学研究院)

13 从算盘到计算机
——信息时代的前尘往事

20世纪以来,当代文明以前所未有的速度发展,大众的生活也处在日新月异的变革之中。信息时代的波澜还在,人工智能的浪头又汹涌而来。在短短几十年间,信息化时代的浪潮一朝扑来,旧有的经济格局、文明秩序就被冲击得四零八落。身处这一大变局中的人们,除了嗅到了财富的气息,更多的是感到一种焦虑和疑惑、无助与迷惘。

是什么,让世人熟悉的场景在几十年间烟消云散?又是什么,让人类进入了文明的跃迁时代?

信息时代标配:计算机+互联网

如果要用一个词来形容今日人们的生活,几乎大多数人都会同意,那就是快,太快了。信息革命颠覆了原有的社会秩序:饮食、购物、交通、通信、金融乃至生态的网络被不断重塑。一切曾经看似坚固的东西都在发生改变。大城市里人们的生活节奏在加速,大街上行人的脚步在变快。即使已经远离物资短缺的年代,我们仍然渴望对食物的快速占有,快餐文化因此迅速崛起。

飞机、高铁、地铁等交通工具的普及，让人们失去了对时间和空间的敬畏感。借助现代化的交通工具，一顿饭的工夫，千里之外的朋友就可以过来促膝交谈。互联网和高速无线通信网络的建设，更是消弭了空间带给人们的距离感。无论

快速便捷的交通

身处何时何地，信息都能够以光速传递给对方，彼此交换诉求和表达关怀。每年新款的流行服饰只有几个月的生命周期，须臾之间就被人们冷落；各路明星你方唱罢我登场；娱乐的热点此起彼伏，飘忽不定。

除了衣食住行，很多生活必备品也搭上了智能时代的科技列车，从内而外地被时代塑造打磨。电子产品层出不穷、形态各异，让人眼花缭乱。资本市场在持续地谱写造富的神话，躁动的人群也在加速创造金融的奇迹。明星公司的股票可以使成千上万个富翁在一夜之间诞生，创业公司的集体涌现更是将少数人推至财富的顶端。

变化的趋势看起来锐不可当，而主导这波剧变的核心技术却仅仅源自一个产业的突飞猛进，那就是如日中天的半导体。微型和超级计算机的大量普及以及通信行业的齐头并进就是半导体行业革新的结果。它已经成为推动社会进步的技术力量，成为提升生产效率最重要的工具。

半导体产业及其相关产品之所以能在短短数十年之间颠覆并主宰人们的生活，都要归功于其制造流程在过去50多年间一直遵循着摩尔定律。该定律由英特尔公司的创始人之一摩尔于1965年提出。他预言了著名的半导体工艺演进规律：**计**

摩尔定律

算机的运算速度每18～24个月可以翻一倍，其制造成本却会相应地降低一半。神奇的是，英特尔公司的技术人员通过自己的努力，在半个世纪的发展中一直维持着摩尔定律的效率。在20世纪60年代初，一个晶体管的制造成本要10美元左右，60年代中期国际商用机器公司（IBM）耗资50亿美元研制的IBM360系统计算机，到今天却仅值3美分。

具备空前强大的运算能力后，计算机能够处理的问题日臻复杂，同时也极大地提高了各行业的生产效率，21世纪的人们才有幸能享有祖辈们梦寐以求的物质盈余。计算机的广泛应用触及人们生活的每个角落。时至今日，从农耕产品到食品加工的生产已经逐渐被机器取代，计算机辅助设计和生产，带领服装行业进入快速迭代期，高速的手持设备处理器奠定了移动互联网的基础，与此同时，金融市场的高频量化交易开始崭露头角。

计算机和互联网的珠联璧合带领人们进入了一个全新的世界，每个身在其中的人都难免有"一日不见，如隔三秋"的嗟叹。如果我们顺着时光的河流逆流而上，不难发现，今天人类所享受的文明成果，不过是在河流中偶然拼接而成的一串珍珠。它绵绵悠长，从古希腊时期就已经留下了色泽分明的痕迹。

从算盘到通用机

最早的计算机

计算机的形态琳琅满目，功能千差万别，有能放进口袋的微型计算器，也有体积庞大的超级计算机。很难想象，早期的计算机是何等的笨重和功能单一。1946年诞生的第一代电子数字积分计算机（ENIAC），使用了18000个电子管、70000个电阻器，有500万个焊接点，耗电160千瓦，其运算速度却仅为每秒5000次加法。这其实并非最早的计算机。事实上，**计算机早在2000年前就已经在中国出现，它正是我们如今已经很少使用的算盘。**

东汉末年（公元2世纪末），数学家徐岳在《数术纪遗》中就提及珠算这种工具。然而，中国也不是最早出现算盘的国度。公元前5世纪，古希腊就出现了和中国的算盘类似的计算工具。算盘的英文abacus，源自古希腊文。

算盘

按照目前人们对计算机的严格定义，它必须拥有一套可以运行的指令，而不仅仅是一套用于计算的硬件工具。因此，只有中国的算盘才被公认为计算机。在中国，算盘的口诀就是其运行的指令。熟悉了这套口诀，人们的运算速度可以远远超过心算和笔算。相比较之下，古希腊的算盘只有输出的结果，计算过程还需要依靠心算，因此不能称之为计算机。

有了指令控制，类似今天计算机的软件系统，算盘才成为现代计算机的雏形。

机械计算机：自动完成计算

尽管算盘拥有计算机的部分功能，能够极大地提高记账和算账的效率，它仍然存在着巨大的缺陷。在实际拨动算珠的过程中，任何小的差错，对结果的影响都可能是致命的。大量数据的计算往往会因为一个人为导致的微小错误而前功尽弃，遗憾的是，这种错误在算盘的使用过程中极难排查。

为了消除人们在使用算盘中可能出现的失误，最好的办法就是设计一种能通过机械运动自动完成计算的机器。一直到17世纪，这个梦想才由法国数学家帕斯卡完成。他巧妙地设计了一种机械计算机的装置，能完成简单的加法运算。虽然操作复杂，效率不高，但是其计算具有自动性和准确性，只要输入的数字正确，计算结果就准确无疑。这给后人设计改良型的计算机带来了一线曙光。

果不其然，大数学家莱布尼茨改进了帕斯卡的计算机，让其能进一步完成乘法的计算。在设计新型计算机的过程中，他还发明了二进制，为计算机的研究指明了正确的道路。帕斯卡和莱布尼茨成为制造现代计算机的

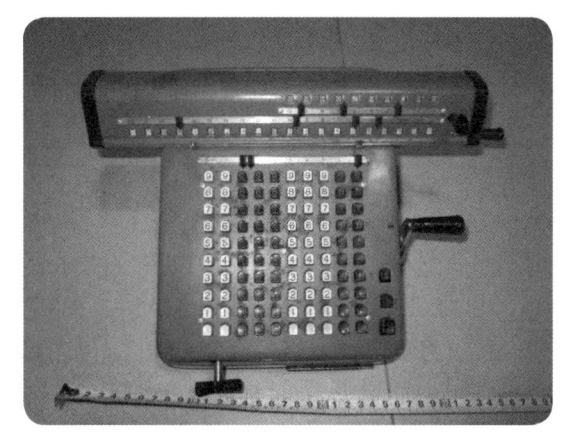

机械计算机

探路者。他们的方法给了人们一种启示，让后人得以沿着其开辟的道路继续探索机械运动与计算的相关问题。不过，受限于制造工艺与理论，莱布尼茨研制的机械不能保存计算结果，功能比较单一。

随着工业生产的需求渐渐扩张，人们期待计算机能完成更加复杂的任务，比如复杂函数的运算，这给早期的计算机带来巨大的挑战。直到莱布尼茨去世200年后，英国的科学家巴比奇受到提花织布机的启发，天才般地制造出一台差分计算机，它能完成简单的微积分计算。这为制造复杂功能的计算机提供了思路。差分计算机的原理是用一种相应的控制流程来控制齿轮的运动，从而能够自动计算不同函数的数值。流程一旦启动，它就自动控制齿轮的运动，并且在流程结束时，机械停下来的地方就是输出的结果。

20世纪中叶，制造现代计算机的条件已经成熟。这些计算机已远远超过帕斯卡、莱布尼茨、巴比奇最大胆的梦想中的计算机。然而谁也不能否认，正是这些先驱者的努力，铺就了一条可供后人前行的道路。

两个关键人物

20世纪初期，人们还在巴比奇的基础上改良机械计算机。尽管其计算

能力有了显著提高,却始终避免不了两个问题。一是缺少存储器。每一步运算结果需要在其他地方记录,否则一次只能进行一步运算。简单的四则运算也需要人们反反复复地参与记录。二是无法进行复杂函数的运算。当时的工程设计已经有了大量的计算需求,遗憾的是,当时最先进的计算机仍然无法完成类似三角函数的计算。

此时,两位天才人物的出现解决了这一问题。**英国科学家图灵和美国科学家香农为现代计算机的发明奠定了坚实的基础。**

过去人们为不断改进机械的复杂度而努力,图灵却没有加入其中。相反,他开始从底层思考计算机的本质。他希望从源头上弄清楚计算机究竟能解决什么数学问题。他对计算机的设想从最初就比其他人更加富有远见。图灵直接思考着**最终极也最困难的问题**,即对于那些有可能在有限步骤计算出来的数学问题,能否有一种假想的机械,让它不断运动,最后当机器停下来的时候,就能得到问题的答案。

1936年,图灵最终找到了一种有效且通用的方法,按照这种方法设计出的机器,只要它理论上可以在有限步骤内判定结果,最终一定能给出一个数学问题的答案。整个方法体现为一个抽象的数学模型,也就是大名鼎鼎的图灵机。简而言之,**图灵的基本思想就是用机器来模拟人们用纸笔进行数学运算的过程,而图灵机即指代这样一个机器,由这个机器替代人们完成数学运算。**目前全世界所有的计算机,都是图灵机的变形,它们能解决的问题,都严格受制于图灵设计的范畴。

图灵

有了图灵机的灵魂,还需要把理论变为现实。这得益于另一位天才人物香农。香农在其1938年的硕士论文《继电器与开关电路的符号分析》中设计了一种二进制的开关逻辑电路,它能够实现布尔代数的全部基础功能。这篇论文奠定了数字电路的理论基础,也因此被誉为20世纪最重要的一篇硕士论文。

根据香农的观点,所有的加减乘除都可以变成等价的布尔二进制的逻辑运算,而那些二进制的逻辑运算,则可以通过简单的电路来实现。这样,为了解决一个复杂的数学问题,只需要将其分解为很多加减乘除的运算,然后等价为开关电路的逻辑运算。后者的实现就间接达到了前者的目标。今天所有计算机处理器的运算功能,都是基于无数个这样的电路拼接而成。

香农的另一个重大贡献就是**模块化的思想**,通过把少数简单的模块搭建在一起来实现复杂的功能。这也成了现代工程设计的核心思想。今日在国防、航空航天、大数据等领域独领风骚的超级计算机就是模块化的杰作。

在图灵和香农之前,每一个计算机的设计都只能针对解决某个具体的问题。比如,留声机和收音机的原理虽然相似,但是它们的内部结构却截然不同;火车和汽车同为交通工具,却也需要完全不同的设计思路来解决其动力问题。

通过他们的伟大创新,人们终于可以设计出一种通用的机器硬件,然后设计一组控制指令。对于不同的问题,使用同一套硬件,**只需要改变控制指令的序列就能解决**。从此,计算机的设计迈上了康庄大道,各种功能复杂的计算机相继问世,并且其硬件功能伴随着摩尔定律不断更新。在此,信息时代终于徐

香农

徐拉开了序幕。

计算机将向何处去？

信息时代产生了大量的数据，计算机所需要的运算能力越来越强。海量数据的分析在航空航天、天气预报、石油勘探、商业运营、金融分析、生物工程等方面都有了迫切的需求。与此同时，摩尔定律已经触及了物理的制造极限，传统的冯·诺依曼式计算机也已经渐渐力不从心。只有突破现有的体系结构框架并寻求新的物质介质作为计算机的信息载体，才能使计算机有质的飞跃。科学家们开始努力对冯·诺依曼计算机进行改良，并取得了重大的进展。光子计算机、量子计算机、神经计算机和DNA计算机应运而生。随着超高速计算机的投入使用，我们也很快会迈入全新的信息时代。

但无论是哪种计算机，它们都是图灵机的变形。事实上，图灵早已经发现哥德尔不完备定理在计算理论中有其对应的现象。它揭示了即便是在可以设想出来的性能最好的计算机中，也存在不可避免的漏洞，也存在着大量计算机无法解决的问题。这就是图灵机为现代计算机划定的一条无法逾越的边界。

量子计算机

那么，人们是否能造出突破图灵限定的计算机？

这需要回到计算的本质上来看。早在80多年前，图灵就意识到计算来自确定性的机械运动。21世纪的电子计算机就是用电子的运动等价于机械运动。图灵猜测人的意识来自量子力学的测不准原理，而计算是确定的，意识是不定的，因此两者完全不同。图灵机也据此确定了计算机的边界。

突破图灵机的方法之一就是突破确定性的限制，我们就必须要放弃程序的实在性，即需要构造一个每时每刻都在变化的程序。大自然中恰好存在着这样的实例。比如人脑的信息处理过程就是细胞不断根据环境的刺激而随时改变,这意味着人体本身可能就是一个超越图灵机的存在。甚至所有的生命体都具有根据环境而改变自己的演化规律。生命体和非生命体的这个区别可能也是图灵机与非图灵机的一个本质差异。

随着计算机的能力与日俱增,人工智能的突然爆发也引起了人们的普遍担心。是否有一天人类会被人工智能超越,甚至沦为它们的奴隶成为激烈的争论观点。然而,只要我们回到计算机

◆人工智能

的本质上来看,计算机的本质还是图灵机,它有极限。正是这种极限让计算机和人有着不可逾越的鸿沟。也因此,当代的计算机设计只能成为人们越来越强大的辅助工具,它能够帮助人们处理确定性的问题,而在计算机的帮助下人们能做出更加睿智的决策。

作者:黄逸文(中国科学院数学与系统科学研究院)

第五部分

人类创造史的新观点

第五部分
人类创造史的新观点

14 玻璃在古代中国最初是替代品吗

河南淅川徐家岭出土的中国最早的蜻蜓眼玻璃珠

提起玻璃，大家往往觉得它是西方近现代工业的产物，其实不然。

玻璃是最早的人造材料之一。从年代测定为4000年前的美索不达米亚和古埃及的遗迹里，都曾有小玻璃珠的出土，中国春秋时代的墓葬里也出土了一些蜻蜓眼玻璃，它们的成分和今天的玻璃没有太大的区别。

在较早的史籍中，玻璃的名称繁多，如"陆离""琉璃""水精"等，"玻璃"一称是较晚出现的词语，从古人的记载中，我们也能看到他们仿制玉石和自制玻璃的努力。

《穆天子传》里记载，"升山取采石，铸以成器于黑水之上"，这里描述了"取石铸器"的活动。楚国宋玉在《登徒

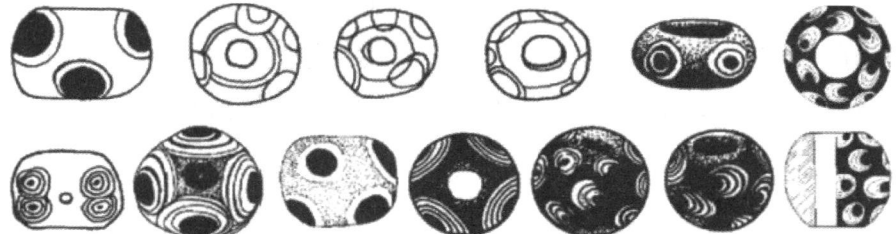

蜻蜓眼玻璃的不同形制

子好色赋》中说:"著粉太白,施朱太赤。"这里的"粉"指胡粉,即铅白,是古代玻璃的助熔剂之一,"朱"即朱砂,古代玻璃的着色剂之一。当然,它们也是当时流行的化妆品。《庄子·让王》中有"随珠弹雀"之说,说的是随国制造的玻璃珠成了当时的一种玩具。东汉王充在《论衡·率性篇》中提到"随侯以药作珠,精耀如真""然而道人消烁五石,作五色之玉,比之真玉,光不殊别",可见当时是以药石为原料来炼制玻璃这类仿玉器的。

玻璃与玉石文化

西周崇礼,以玉为美,自那时起,玉石成为礼制的一种重要表现形式,形成了一套纷繁复杂的用玉制度。礼玉、佩玉、葬玉的社会风尚流行,自然使得玉石供不应求,成为当时最热门的商品之一,水晶、绿松石、青金石等宝石的需求也与日俱增。中国古代的玻璃正是在这种社会背景下制造的。

中国古代玻璃与玉石有着相似的质地,可以制造出和玉石一样的形态和色彩,所以春秋至西汉时期,玻璃是作为仿玉器出现的,它与玉石文化一脉相承。从考古发现来看,春秋至战汉(即战国至汉武帝)时期的古代玻璃绝大多数出土于贵族墓葬中,并且都是造型仿玉的小型饰品或礼器,与宝玉石制品组合摆放在一起,具有同宝玉石器相近的形态、色彩,有着相同的功用。

商周时期正是制陶业和青铜业的深刻变革时期:原料配方的改进及炉温的提高,使得制陶业发展出原始瓷釉;冶炼技术的提高,使得青铜器冶炼技术十分成熟;而自春秋时期始,铁器冶炼技术有取代青铜器冶炼技术之势。这些,都为中国古人仿制玉石和自制玻璃创造了技术条件。

原始玻璃的发展历程

西周至春秋墓葬出土的含玻璃态物质制品主要为釉砂和玻砂，西方学者称前者为"费昂斯"，称后者为"玻璃化的费昂斯"。玻砂和釉砂都是非黏土性硅酸盐材料，两者的区别在于含有不同含量的玻璃态物质。这一时期，仅有越王勾践剑上的蓝色玻璃可以称得上是真正的玻璃制品。

越王剑上镶嵌的玻璃

战汉时期，自制的玻璃大多数是铅钡玻璃。这种玻璃晶莹多彩，但易碎、不耐高温和骤冷骤热，只适合用来装饰和随葬，不适合用来制造日常实用的器皿。这种特殊质地使其发展进程与西方钠钙玻璃的发展进程不同。

随着春秋末期西方钠钙玻璃传入中国，古人自制玻璃的欲望被激发，从墓葬出土的情况来看，这种努力是成功的。秦汉之际，随着海上丝绸之路与陆上丝绸之路相继开通，中国古代玻璃除了具备外来文化因素的特征外，其本土文化特征也日益显著。

中国玻璃的成分

中国古代制作玻璃时，以氧化铅（PbO）或氧化钾（K_2O）为主要助熔剂。其中，以氧化铅为主要助熔剂的有铅钡玻璃和铅玻璃，以氧化钾为主要助熔剂的是钾玻璃。

铅钡玻璃是中国古代特有的玻璃品种，钾玻璃据说与炼丹家们用草木灰（K_2CO_3）、硝石（KNO_3）为原料炼丹的活动有关。战国钾钙玻璃为本土自制，至于汉晋时期的钾玻璃，其制造来源还没有定论。从战国至东汉出土的大量铅钡玻璃器物来看，玻璃饰品可能是当时的流行商品之一。

而西方古代玻璃主要是钠钙玻璃，从古埃及、罗马到波斯，玻璃类型都是钠钙硅酸盐系统。

中国玻璃与三大技术

技术之门——商代原始瓷

商代原始瓷工艺的出现，为仿制绿松石等宝玉石制品打开了技术之门。

1965年，河南郑州商代墓中出土了一只青釉印纹尊，经考古学家鉴定：除口部和肩部施有薄釉外，上面有五块深绿色厚而透明的玻璃釉。

陶瓷的釉料成分与玻璃本质相同，釉料在烧制过程中熔融流离的釉滴，启发了工匠们制成近玻璃态物质，如釉砂、玻砂或琉璃。从西周早期与玉石同类器一起出土的各色釉砂中，可以想见当时人们对仿制宝玉石的渴求。

1954年至今，出土的西周玻璃相硅酸盐制品主要器形有珠、管、环和贝，成型工艺采用的是衬芯捻绕法和粘珠点滴成形法，这种简易原始的工艺与制陶的塑性成形相似。而战国早期，除了铅钡玻璃外，还流行一种钾钙玻璃。因此有人认为，我国商代最早出现的原始瓷釉为钙釉，我国古代含碱钙硅酸盐玻璃是从瓷釉到釉砂和玻砂演变而来的。

西周的青釉器烧成温度为1100℃～1200℃，一般达到1200℃或1300℃以上就可以使玻璃完全熔融。但这样高的炉温技术还不成熟，很难将制造青釉器的技术应用到釉砂的烧造中。

原始玻璃与青铜矿渣

西周釉砂珠是以冶炼青铜的矿渣混合石英砂和少量助熔剂低温熔炼而成的，是含有少量胶结石英的硅酸盐制品（也有人称之为"原始玻璃"）。春秋战国时期，青铜器冶炼技术十分成熟，冶炼青铜的矿渣也可能被用作部分蓝色玻璃的着色剂。

玻璃的高温技术与铁器冶炼

西周的釉砂珠烧制温度不足，往往外壳烧结而内部含石英砂，这样的硅酸盐制品不耐久且透明度不高。为了解决烧制温度问题，人们首先想到的是改进助熔剂的配方以降低石英砂的熔点。因此，战国时期玻璃的原料中大大增加了氧化铅的比重。真正意义上的铅钡玻璃在这一时期出现。

春秋中期，楚国冶铜的炉温达到1100℃~1200℃，而铁器冶炼技术的出现标志着人们已经掌握了熔化生铁需1350℃高温的技术。炉温技术和高温技术的成熟，使得这一时期可以制造出真正意义上的玻璃，而且玻璃的成型工艺也可能应用了高温熔烧技术。

总之，中国古代玻璃制造技术与原始瓷、青铜和铁器的冶炼技术关系密切。秦汉之际，随着丝绸之路的通达，钾玻璃逐渐风行；东汉后期，铅钡玻璃逐步走向没落；南北朝时期，玻璃器的风格日显中西杂糅之貌。

作者：王亚伟（中国科学院上海光学精密机械研究所）

15. 最早的自行车其实是中国制造的

自 2016 年以来，共享单车突然火爆起来，不到一年的时间里，迅速从北上广等一线城市扩散到二、三线城市。在衍生出许多共享经济产业的同时，它也改变了公民的出行理念与方式。

▲溥仪在故宫骑自行车（《末代皇帝》剧照）

围绕自行车有很多趣事，最著名的要算末代皇帝溥仪在故宫中骑自行车了。溥仪的堂弟溥佳将一辆自行车作为结婚礼物送给了溥仪，末代皇帝被这个新鲜玩意儿彻底吸引，为了方便骑车甚至锯掉了紫禁城中 20 余处门槛。此外，他还大量购买各国名牌自行车，经常使用的就有 20 多辆。至今，故宫博物院还藏有他曾经使用过的英国三枪牌自行车。

自行车常被人认为是清朝同治年间传入中国的"西洋玩意儿"。然而，很多人不知道的是，早在 300 多年前，中国人黄履庄就发明了自行车，在纯天然无污染的优美环境中体会了一把"风驰电掣"的感觉。

第五部分　人类创造史的新观点

黄履庄，清顺治十三年（1656年）生于江苏扬州一带。他的科学发明制造大部分都记载在他表兄戴榕（文昭）所作的《**黄履庄小传**》及清代陈琬所著的《**旷园杂志**》和《**清朝野史**》中。

黄履庄自幼聪明能干，尤其喜欢制作各种新奇玩意儿。《黄履庄小传》中记载，黄履庄只要稍稍读过书本就能背诵，七八岁时就制作出手脚都能自主活动、大小只有寸许的木头玩偶，他做出来的小东西常常被争相购买。

除了有天赋，黄履庄还非常好学。借扬州是通商口岸之便，他广泛阅读欧洲传教士的科技著作，学习几何、代数、物理、机械等方面的知识，平时也善于思考、勤于观察。

古时候的中国，路面不像现在这么平整，出行非常不便。黄履庄发挥自己的聪明才智，发明了方便出行的东西。是什么呢？

《黄履庄小传》第二段记载了黄履庄发明的自行车："犹记其解双轮小车一辆，长三尺许，约可坐一人，不烦推挽能自行。行往，以手挽轴旁曲拐，则复行如初。随往随挽，日足行八十里。"

🔴 黄履庄设计的自行车效果图

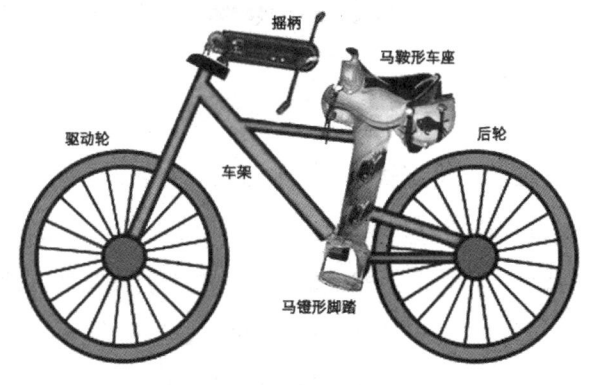
🔴 黄履庄设计的自行车想象图

李约瑟也在《中国科学技术史》第二卷中指出，"这种曲柄车或脚踏车或自行车，也许部分地由弹簧驱动，能日行80里"。据分析，黄履庄发明的自行车长约1米，前后有2个轮子，人用手臂摇动曲拐带动车轮前进。

尽管他的自行车还缺少链条、脚蹬、车把等现代自行车的关键部件，但是其二轮形式、驱动装置等都是完备的，与现代自行车的形制有很多异曲同工之处。

现在学界一个很有影响力的观点是，法国人西夫拉克于1790年发明的木制自行车是世界上第一辆自行车。

然而，《黄履庄小传》被收录于清康熙二十二年（1683年）张潮编写的《虞初新志》第六卷中，那么黄履庄发明自行车的时间应早于1683年。

由此可以断定，黄履庄是有记载以来世界上第一个发明自行车的人。

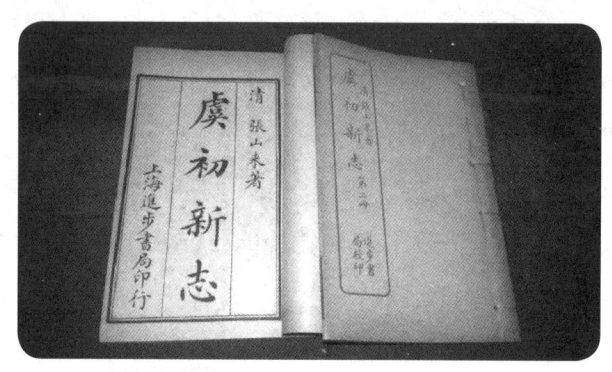

《虞初新志》

除此以外，西夫拉克的自行车仅仅是将两个木轮固定在一条直线上，没有车把、脚蹬、驱动装置和转向装置，需要骑车人坐在很低的坐垫上双脚着地向后蹬，利用反作用力使车前进。从机械装置的设计和制造的角度来看，黄履庄的自行车显然要比法国人的自行车更为先进。

当然，西夫拉克之后，德国人德莱斯男爵、英国工人麦克米伦等都为改进自行车设计、提升自行车性能、提升量产能力等做出了卓越的贡献，直至1890年英国享伯公司生产出链条传动的自行车并沿用至今。**可以说欧洲极大地推动了自行车的发展与普及，但这是另一个科技史故事了。**

● **第五部分　人类创造史的新观点**

● 西夫拉克设计的自行车模型

● 西夫拉克设计的自行车效果图

黄履庄发明的自行车尽管形制较为粗糙，也缺乏现代自行车的一些基本元素，但毫无疑问是世界上最早的自行车的雏形，并在相当长的时间内保持着领先地位。你是不是也为我们的"中国制造"而骄傲呢？

　　　　作者：焦郑珊（中国科学院自然科学史研究所）

16. 拔罐并非中国特有

对于中国人来说，拔火罐可不是什么新鲜事儿。从中医院到按摩屋、足疗店，街头巷尾形形色色的"拔罐"随处可见，民众不仅普遍承认这是一种可以祛除病邪、有益健康、简便易行的治疗与保健方法，还视其为历史悠久的"中医"与"传统文化"。但实际上，这不过是世界各种医学知识体系中的一种"除邪通术"，而非中国传统医学特有的"神技"。

"好巧，你也在利用负压"

在中国的古籍中，不乏臣子为君王、子女为父母、将帅为士兵"吮脓"的记载。这些彰显忠、孝、仁的生动事例，说明"利用负压"可以追溯到人的"吸吮"本能；时至今日，在遇到虫蛇蜇咬时，仍旧可见人们无师自通，采用"吸吮"救急。

同时，西方从古代一直用到18世纪的角吸，还有当代中国一些少数民族所用的工具，均是依靠用人嘴吸出其中的空气而形成负压的原理。

以上例子说明同样的事情完全可以独立出现在各民族当中，我们不可因为"不知"而误以为"唯我独有""由我传播"。

研究者的局限性并非仅仅存在于中国,至少在医学史界是这样的。放眼世界,学界的大致情况是:东方学者的有关论述基本不涉及西方,西方学者的论述不涉及东方,基本都不涉及印度。所以,当我们将各国学者各自的研究置于一炉时,便有可能宽泛地了解它整个的样子,并从各种角度进行比较、思考:这项技术在随着中国文化向外传播时,是否也曾受到过外来文化的影响?

西方的"杯吸"

现存巴比伦和亚述的一个医生印记上,"有健康神尼努塔或阿达尔的形象,手持一杯吸术器械,另有两个放在两柱之间"。

这意味着拔罐技术在西方的运用,同样历史悠久。

其实中国人所说的"拔罐",在西方被称为"杯吸"。这两种叫法,都比"拔火罐"更为准确。

因为无论是东方还是西方,**造成负压都有两种方法:一种是加热器具(不一定用火),另一种是吸出空气。**

同样,无论是称其为"罐"还是"杯",也都只是从其形状而言,因为实际采用的器具不仅有用陶瓷或玻璃制成的罐与杯,还有葫芦、竹筒、牛角等。

▲ 希腊的外科器具。两侧的吸杯显示着这一治疗方法的重要地位

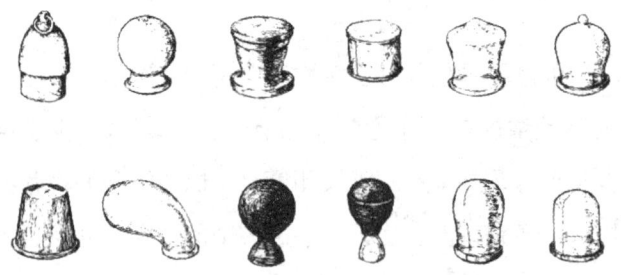

◆ 各式各样的西方吸杯

在西方，牛角杯从古代一直沿用至19世纪上半叶；玻璃杯在17—19世纪被应用广泛；19世纪则出现了名为"Syringe-cup combinations"（注射器与吸杯相结合）的新式器具。而在中国，这种新式器具其实不过区区数十年的历史。

◆ 注射器与吸杯相结合的器具

◆ 当代中国的新式拔罐器具

其实，**杯吸又分为"干杯吸法"和"湿杯吸法"。**

前者仅调动血液（造成皮下瘀血），血液并没有离开身体；后者则要先通过热敷使血管扩张，然后划破皮肤（甚至划出多处平行切口），再进行杯吸，两者的本质区别在于，湿吸时血液不仅被调动，而且离开了身体，通常每个杯子能吸出3—5盎司的"过剩"血液。

在中国，拔罐基本相当于"干吸"，虽然偶见"湿吸"，却没有这样的名称、概念及相关理论，而且通常都只取极少量的血。

日本吸法

日本医学史有记载：日本早期用"角"，源自中国；后期用硝子（玻璃）之"罐"，源于荷兰。根据富士川游《日本医学史》介绍，虽然早期"角"从中国传入，但其后"不传久矣。近时此法再至专行，全本西洋之说"。

正因如此，才会有"伴针刺而施，称为'**湿角法**'；直接施于皮下谓之'**干角法**'"的概念。

此外，在医史著作中还能见到有关中南美的阿兹台克人用"杯吸术和灸法"治疗呼吸器官疾病（除使用药物外）的记述；在有关中国少数民族的传统医学调查中，也可以见到许多民族皆有此类治疗方法。

中医的角与罐

《五十二病方》中记载，痔疮手术中，先以角吸起需要割除的部分，再结扎、切除。但其用法显然不同于拔罐，倒是西方的用"角"之法，的确堪为拔罐滥觞。

其后，至西晋才又见有人言及"角法"，且持否定态度："痈疽……皆不可就针角。针角者，少有不及祸者也。"这被医史学家作为拔罐之术（"**角法**"）一脉相传的史证。

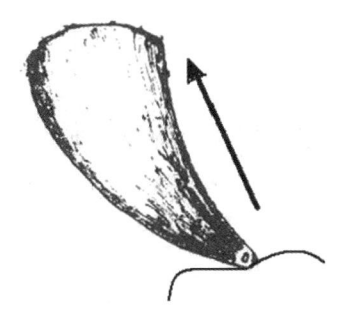

角吸痔核用法示意图（因所用工具为"角"而称其为"角法"）

西方的角质吸杯沿用至19世纪

可以准确作为"拔罐"之义者，当数《外台秘要方》于**"骨蒸病"**的论治，其所言"煮筒子重角之"，后称"水角"，说的是不仅要拔出脓血，还要拔出痨病之"虫"。

除此，在清代以前的传世医籍中，实难觅得更多记述。尽管各医史博物馆收集了大量陶瓷制的罐状器物，以为历代"拔罐"文物，但又如何证明这些坛坛罐罐不是盛装油、盐、酱、糖等食品的一般生活用具呢？

由"水角"变"火罐"

唐代以后提及疮痈治疗的医籍中，可见各种疮痈"宜水角"或"不宜水角"的记述，这里不逐一枚举。不过值得关注的是，在文献中，"水角"逐渐演变为"火罐"。

《金匮要略论注》有记载，"余见近来拔火罐者，以火入瓶，罨人患处，立将内寒吸起，甚力"；而同时代的胡煦亦在《周易函书》屡言"今人"以火罐治病——看上去似乎是件新鲜事。

到了民国，谢观领衔编写《中医大辞典》，追根溯源，凡事必言"出典"。但有关"拔火罐"一事的述说却无"出典"，仅仅是以"火罐气"为名，并简单引用《本草纲目拾遗》中的话，隐约透露着"近来始流行"之意。

除了时间坐标，还应关注其初现时的地域问题，首先是在江南、沿海地区等。因此，这里提到的方法令人生疑，尤其是玻璃瓶，似乎与中日商贸往来的影响有直接关系。

至于其与"得传""成统"之"中医学知识体系"的关系，则必须注意：直到20世纪中叶中国开始系统编撰中医学教科书时，"拔火罐"才作为"附"列入"针灸治疗·灸法章"下，由此才获得了跻身"传统"的资格。

作者：廖育群（中国科学院自然科学史研究所）

17 人类的超导发现史

超导的全称是**"超导电性"**,其英文是superconductivity,**是20世纪最伟大的科学发现之一**。按照电阻率随温度变化的不同特性,介质材料可分为绝缘体、半导体、导体和超导体。超导指的是某些材料在温度降低到某一临界温度(或超导转变温度)以下时,电阻突然消失为零,同时外磁场磁感线全部被排出体外(完全抗磁性)的一种电磁现象。

对超导的研究始于人们的一个疑问:**超导材料的电阻随温度的持续下降会达到怎样的一种状态呢?**

要解决这个问题,首先要得到更低的温度。传统的低温环境主要依靠液化气体来实现,比如液氢的沸点是20 K(热力学温标中0 K对应-273℃,20 K相当于-253℃)。

1873年,来自荷兰莱顿大学的范德华创建了气体液化理论。1908年,同样来自荷兰莱顿大学的昂内斯等将最难液化的气体——氦气成功液化,并获得液氦的沸点为4.2 K的结论。

通过进一步节流膨胀技术,液氦可以获得低至1.5 K的低温环境。当它在温度下降至2.18K时,性质发生突变,成为一种超流体,能沿容器壁向上流动。

汞常温下是液态,蒸发或电解就可以得到纯度极高的

汞，堪称完美金属。

昂内斯等人测量金属汞在低温下的电阻时，惊讶地发现当温度降至4.2K以下时，汞的电阻突然下降到仪器测量不到的最小值，基本可认为是零电阻态。**第一个超导体——金属汞就此被发现**，其超导临界温度为4.2 K。

超导有两个神技。第一个神技我们称之为"畅行无阻"，即超导的电阻为零。一般的导体如铜等，它的电阻率为1.75×10^{-8} Ω·m，而超导体的电阻率比铜还要小。在昂尼斯发现超导体后的20年，又有人用更精密的仪器证明，超导体的电阻是零。

另一个神技，我们称之为"金钟罩铁布衫"。如果把高纯金属认为是理想导体，也可以具有零电阻态，但超导体与单纯零电阻态的理想导体有本质区别，它具有更多的奇特性质。1933年，德国物理学家迈斯纳发现，超导体内部磁感应强度为零，即具有完全抗磁性。

实际上，如果外磁场足够强，便可以穿透某些超导体的表面并进入内部，从而破坏完全抗磁性但仍保持零电阻，被称为混合态。具有混合态的超导体被称为"第二类超导体"，这种超导体内磁通量是量子化的，形成诸如点阵等奇特的量子现象。

超导材料一旦进入超导态，将因其完全抗磁性将外部磁场的磁感线排出体外，这时磁体靠近超导体会受到很强的排斥力，当排斥力和重力抵消，就实现了超导磁悬浮。例如，水具有微弱的抗磁性，处于强磁场的生物如青蛙，便可以实现水上的常规磁悬浮。

常规的磁悬浮需要极强的磁场，例如，将青蛙悬浮起来，需要20 T的磁场；而使用超导体的话，仅需2—3 T的磁场就可以悬浮起一个人。

超导的"启蒙"时代

古人已开始思考自然界各种奇妙的现象。在古人还不懂电是什么的时候，哲学家就已经提出"电"是由阴阳相激而生。而磁同样有着悠久的历史，我国古代四大发明中的指南针就利用了磁的原理。因为磁铁矿矿石可以吸铁，像母亲拥抱自己的孩子，所以在古代被称为"慈石"。

早在公元前 6 世纪，自然科学的先驱古希腊哲学家泰勒斯，最早介绍了摩擦起电的现象。从那时起，人们开始对电和磁做了很多有趣的研究，但大部分都是在哲学的范围内。

1746 年，荷兰莱顿大学的教授马森布洛克独立研制出莱顿瓶，即将带电的物体放在玻璃瓶子里，电就不会消失，这样就可以把电储存起来了。

后来，马森布洛克将莱顿瓶送给了美国的开国先驱之一富兰克林。1752 年，富兰克林提出了风筝实验——"捕捉天电"，又将风筝线上的电引入了莱顿瓶中。

富兰克林回到家，用雷电进行了各种电学实验，证明了天上的雷电与人工摩擦产生的电具有完全相同的性质。这也意味着地面上人们造的电，也有希望像闪电一样拥有巨大的能量。

现代的物理学对电和磁有了更加深刻的研究。我们都知道，物质是由原子构成的，原子核的周围有环绕其运动的电子，而且带负电的电子自身时刻做着自旋运动，因此电子自身就可以形成一个小磁场。

虽然大部分的电子绕着原子核运动，但仍有一些电子距离原子核较远，我们称之为自由电子。

然而电流在材料中的运动不是随意乱跑的，就像我们在高速公路上开车总是要经过一些收费站需要交费，电子在材料中运动的时候自身的能量也会发生改变，其与原子核的距离越近，损失的能量就越多。原子核的阻碍作用，我们称之为电阻。

有了电阻，我们可以根据电阻的大小将材料分成导体、半导体、绝缘体。一些物质中，挣脱原子核束缚的电子较多，就成为导体。

在实验中，我们只需研究材料的电阻随着温度的下降是怎样变化的。如

果材料的电阻随温度的下降而迅速上升,就是绝缘体;如果随温度的下降开始缓慢下降随后慢慢上升,就是半导体;如果随温度的下降一直下降,就是导体。

超导的"黑铜"时代

许多理论物理学家预言了常规超导体的超导临界温度不会超过 40 K 的上限。

然而,人们从未放弃寻找更高超导临界温度超导材料的希望。1986 年,IBM 公司的柏诺兹和缪勒独辟蹊径,没有从常见的金属合金体系中去寻找更高转变温度的超导体,而是选择在一般认为导电性不好的陶瓷材料中去探索超导电性。结果他们在 La–Ba–Cu–O 体系中首次发现了可能存在超导电性的材料,其超导临界温度高达 35 K。

1987 年 2 月,美国休斯敦大学的朱经武、吴茂昆研究组和中国科学院物理研究所的赵忠贤研究团队分别独立发现在 $YBa_2Cu_3O_{6+x}$ 体系存在 90 K 以上的超导临界温度,超导研究首次成功突破了液氮温区(液氮的沸点为 77 K),使得超导的大规模研究和应用成为可能。

直到 1994 年,朱经武研究组在高压条件下把 $Hg_2Ba_2Ca_2Cu_3O_{10}$ 体系的超导临界温度提高到了 164 K。相对于常规的金属和合金超导体(一般称为传统超导体),铜氧化合物超导体具有较高的超导临界温度(突破传统理论设定的 40 K 极限),因此被称为**高温超导体**。

然而铜基高温超导体也有其痛处,这些材料的晶体结构非常复杂,**至今我们仍然不知道铜基高温超导的理论机制**。

在铜氧化合物这一类材料中,电子被局域化而形成了强关联态。在强关联体系中,电子的运动不再"独来独往",而是"牵一发而动全身",单纯研究一个电子的行为已经不再适用,必须研究所有电子的多体行为。这是传统固体理论尚未真正解决的难题,所以理论研究从一开始就面临着挑战。

铜氧化合物属于陶瓷材料,力学性质脆弱易碎,缺乏柔韧性和延展性,当电流过大时其超导性也易消失。因此,物理学家将材料里电的相互作用比作猛犸象、磁的相互作用比作大象,而超导现象就像一只小老鼠,与材料里电和磁的相互作用相比,它显得非常微弱。

超导的"白铁"时代

物理学家没有放弃对高温超导的理论研究,他们就像盲人摸象一样,通过各种实验手段对其进行摸索。但是在随后近30年的时间里并没有得到有价值的线索。直到2008年,日本的细野秀雄研究小组在探索新型透明导电材料时,偶然发现$LaFeAsO_{1-x}F_x$中存在26 K的超导电性。之后在国际上引发了高温超导研究的第二波热潮。

在短短的数月之内,中国科学家通过合成其他稀土铁砷化合物将超导临界温度成功提高到了56 K。经过日、中、美、德等国科学家的共同努力,许多具有新结构体系的铁砷化合物和铁硒化合物超导体也被陆续发现。

这个新的超导家族被称为**铁基超导体**,因其同样具有50 K以上的超导临界温度,且超导机理不同于传统的超导体,所以被认为是继铜氧化合物高温超导体之后新的第二类高温超导体。

目前据保守估计,铁基超导家族成员至少有3000多种(许多还尚待发现),几乎超越了以往发现的所有各类超导体的总和。基于在铜氧化合物高温超导研究中积累的丰富经验和高精实验手段,人们迅速推进了铁基超导的机理研究。一方面,铁基超导材料表现出传统金属超导体的一些类似特征;另一方面,它又和铜氧化合物的超导机理有着类似之处。这为不同超导材料的研究构建了桥梁,将超导的研究带入一个前所未有的广阔空间;

超导的"云梦"时代

寻求更高超导临界温度的超导体是超导研究的重要目标之一。

铜氧化合物超导体的超导临界温度在高压下已经达到了 160 K，我们完全有理由相信在不久的将来会发现更高超导临界温度的超导体，室温 300 K 下的超导体将不仅仅是个梦想。

理论物理学家已经预言，在足够强的压力下（大于 400 万个大气压强），氢可能被压缩成金属态，形成金属氢，它可能是一个室温超导体，而我们现有的条件很难达到如此高的压强。已知的行星中，木星的内部可能会存在金属氢。

就在 2015 年，德国的两位物理学家在 200 万个大气压强下制得超导体 H_3S，测得其超导临界温度为 203 K。

从超导的历史上看，几乎每一年都有新的发现，甚至每个月都有新的超导体发现。而超导理论的研究，如今依然在前人的基础上缓慢地前进。

作者：罗会仟、张东明

第六部分

人类对自然的认识史

第六部分
人类对自然的认识史

18 · 那片被遗忘的浅绿色的海

当今世界上最大的人类挖掘矿坑——美国犹他州宾汉姆峡谷铜矿坑

巨大的露天矿坑常常带给人莫名的震撼感,甚至令人产生些许骄傲。

作为一种人造景观,露天矿坑的确是令人印象深刻的旅游景点。硕大的坑洞中层层叠叠的岩石被剖开,一览无余,不失为一种独特的视觉体验。

其实,作为地球表层的地壳,平均厚度就有17千米,矿坑再深也无法洞穿地球。如果想窥探到地球深处的奥秘,仅凭挖掘更是精卫填海。

不过,通过各种矿石,我们却能一窥数十亿年前的地球。

铁矿石表面呈黑红相间的条带状,很重,小小一块拿在手上就让人觉得沉甸甸的。乍看之下,铁矿石并无可爱之处,但它深褐色的表象下尘封着一段沧海桑田的地球历史——它见证了曾经浅绿色的海洋。

全球分布的条带状铁矿

世界各地都分布有含铁量丰富的铁矿，一些较大型的分布区域有西伯利亚—蒙古—中国华北一带、北美洲的美国和加拿大、澳大利亚等。

这些矿区含铁最丰富的铁矿石具有相似的地质背景，它们大多在**距今19亿~24亿年前形成**。在地质学界，它们被称为条带状铁矿建造，**是全球前寒武纪地层中一种常见的沉积构造。**

澳大利亚西部的条带状铁矿建造

条带状铁矿由多层厚度为数毫米至数厘米的灰色或黑色铁矿石构成，这些铁矿石的主要成分是赤铁矿（Fe_2O_3）或磁铁矿（Fe_3O_4）。铁矿石层彼此之间是含铁量较少的页岩层或燧石层，这些夹层通常颜色较浅，厚度与铁矿石层相当，页岩夹层中间也可以发现微细的、亚毫米级的铁矿石层。

条带状铁矿具有重要工业价值，是全球冶炼钢铁的主要来源。

这类全球分布的大规模铁矿形成时间相似，铁质含量高，但它们究竟是从哪里来的呢？赤铁矿或磁铁矿这些铁氧化物是二价态的铁被持续均匀氧化的产物，为了保证铁氧化化学反应的稳定性，最好的反应场所就是水溶液。

曾经缺氧的地球

距今30多亿年前，处于生命萌动期的早期地球环境非常严苛，**我们今天习以为常的氧气，在那个时代是奢侈品，甚至对于当时的生物来说，氧气还是有毒气体。**当时大气中充满了二氧化碳、甲烷、氮气和硫化氢等气体，氧气的含量极低。

在今天的深海海底，也可以找到类似的极端环境。在海底活跃的火山口附近，地壳深处的岩浆和硫化氢、二氧化碳等气体不断从海底火山口喷出，形成"黑烟囱"或海底热泉。由于阳光无法到达深海海底，那里海水温度极低，可以生活的生物并不多，而炙热的岩浆为深海带来了热量。

就在这些海底热泉附近，生活着很多厌氧生物，它们所赖以生存的是硫化氢等气体，而氧气对于它们是名副其实的"毒气"。

地质历史时期，氧气的大规模增加并不是一蹴而就的，而是经历了极其漫长的过程。**地球"大气—海洋系统"如何从缺氧环境逐渐变化为含氧甚至富氧**，一直是地球生命起源与演化领域研究的难点之一，许多关键问题至今仍存在一定的争议，缺乏合理的解释。但毋庸置疑的是，**极低的氧含量保证了大量的铁以浅绿色的亚铁状态溶解在原始海洋中。**

浅绿色的海水

今天我们最熟悉的自然景观，莫过于蓝色的天空与大海，但**海水的蓝色其实只是太阳光的作用而已**。海水是富含大量钠、镁、钾等离子的不饱和水溶液，本身既不是蓝色的，也不是白色的，而是无色透明的。海水呈现出蓝色其实是太阳光散射或反射形成的物理现象。

当阳光照射到大海上，太阳光中的红色、橙色这些波长较长的光，在穿透海水的过程中，不断被海水和海里的生物所吸收；而蓝色、紫色这些波长较短的光大部分都散射到周围去了，或者干脆被反射掉。**海水所呈现的色彩其实就是这部分**

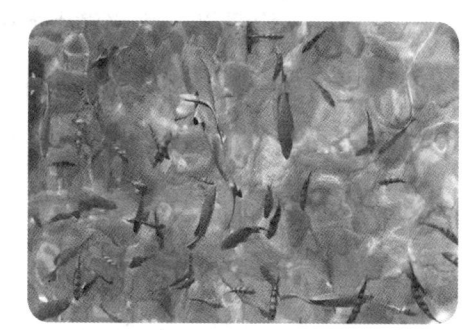

海水是蓝的吗

被散射或反射的光。

海水越深，被散射和反射的蓝光就越多，所以大海看上去总是蓝色的。可以想象，光线反射和散射的物理现象同样也发生在30亿年前的海洋中，如果能穿越到30亿年以前，我们所看到的海水由于自身成分和光线散射作用或许呈深绿色，但掬一捧海水，我们所看到的海水一定会是浅绿色的。

缓慢的铁氧化过程

二价态的亚铁离子可以溶解在水中，其水溶液呈浅绿色，但是亚铁离子非常不稳定，与氧气接触的瞬间就会被氧化，产生红色的三价铁离子沉淀。而三价的铁离子是稳定的，其实常见的铁锈主要的成分就是三价铁离子的氧化物。

条带状铁矿的形成过程其实就是海水中溶解的铁逐渐被氧化而沉淀的过程：浅绿色的二价铁离子迅速与水体中的氧相结合，形成不溶于水的氢氧化铁，后又进一步形成铁的氧化物，沉淀在由页岩和燧石构成的海床之上，新的一层覆盖旧的沉积层。每层都非常细，一般是毫米或亚毫米级。

铁缓慢氧化的这个过程持续了数十亿年，再经过地质上的沉积作用，才形成了我们今天所看到的条带状铁矿建造。这个过程非常漫长，原因有很多。

第一，是因为**页岩、泥岩发生沉积的速率并不高**，铁的氧化物沉淀到海底，再逐层被海洋中的泥质或其他沉积物所覆盖，这个沉积过程可能与今天发生在较深海洋中的沉积作用相当。根据地质学界观察与计算得到的估算结果，一般来说，理想情况下（不受扰动），海底的硅质软泥层每1000年形成1～10毫米厚，而在靠近大陆边缘、不断接受陆地沉积的浅海区域，砂岩、泥岩每1000年可以达到50厘米甚至更厚。

第二，在寒武纪之前的地质时代中，地球多次经历各种各样的极端环境，比如全球被冰封、大陆拼合与裂解等，因此，铁氧化的过程也并非一帆风顺，而是多次被打断，又多次重新开始。

第三，当时的氧气实在太稀少了，产生氧气的过程也很缓慢，这极大地限制了铁氧化物的形成速度。当时唯一的氧气来源是能够进行光合作用的原核生物——蓝菌。

现代海洋环境中的蓝菌

让地球含氧量脱贫的功臣——蓝菌

蓝菌，也曾被称为蓝绿藻或蓝藻，属于细菌类原核生物，是唯一一种可以通过光合作用制造氧气的原核生物。

我们知道，绿色植物可以利用其叶绿体进行光合作用。但是对于原核生物来说，它们的细胞内部没有细胞核，也没有被细胞膜所包裹的细胞器（叶绿体就是一种细胞器），因此它们进行光合作用的机理与绿色植物完全不同。

蓝菌利用其细胞外膜独特的折叠方式进行光合作用，氧气是它们进行光合作用时释放出的"废物"。蓝菌个体微小，化石记录极为罕见，但它们生命活动的痕迹却保存有化石，即**叠层石**，成为地球增氧过程的见证者。

叠层石主要是蓝菌类微生物通过生长和新陈代谢作用捕获、胶结和沉淀沉积物，形成的一种生物沉积构造。

叠层石本身并不是实体化石，它的特殊形态是由蓝菌等原核生物在生命活动中引起的矿物沉积和胶结所形成的。**叠层石代表了地球上最古老、最原始的微生物生态系统**，最老的叠层石可以追溯到距今35亿年前的早太古代。在全球范围内，几乎所有的元古宙碳酸盐沉积中都发现丰富多样的叠层石。

▲ 南京古生物博物馆收藏的叠层石，向上凸起的穹拱形态是蓝菌在生长过程中分泌黏液所胶结的矿物沉积

▲ 暴露在纽约李斯特公园附近的寒武纪时期霍伊特石灰石的叠层石

微不足道的蓝菌，在30多亿年前的地质历史时期就逐渐改变着地球的环境。它通过光合作用不断释放氧气，而新释放的氧气迅速被海水中的亚铁离子所消耗，二价铁就此被氧化，形成锈迹斑斑的沉淀物，固定在了海床之上。

蓝菌使地球的氧含量彻底脱贫了！

直到氧气含量足够高了，海水中的亚铁离子被消耗尽了，**不贫氧的地球便再也无法拥有浅绿色的海洋。**接下来发生的事件同样影响至深——由于氧含量增加，各种多细胞生物逐渐繁荣，一个生机勃勃的世界开启了。

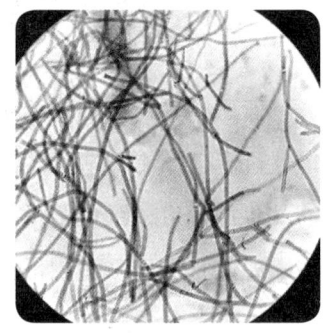
▲ 现代蓝菌的一个属

作者：徐洪河（中国科学院南京地质古生物研究所）

19. 突然冒出个"第八大洲"？哦，原来是这样

2017年年初，11名科学家在美国地质学年会上发表了《西兰洲：地球上隐藏的大陆》的研究报告，认为将西兰洲（Zealandia）作为一个地质意义上的大陆能更准确地描述此区域的地质情况。严谨的地质学研究报告经过媒体记者的演绎和加工，就变成了"轰动"的新闻资讯——"发现了第八个大陆"或"发现了第八大洲"，甚至有媒体称"地理教科书要被改写"了。

"第八大洲"是新发现

其实，"西兰洲"这个名称并不新鲜，早在1995年，地质学家Bruce Luyendyk就提出了这个叫法。被叫作西兰洲的这块大陆面积达490万平方千米，有94%的面积都在水下。

当时，它被认为拥有构成大陆所需满足的——高于周边区域、存在不同类型的岩石、界线分明以及拥有比大洋底部厚得多的表层，这四大属性中的三种。近来，利用卫星技术和海底重力图，科学家发现这块大陆是统一的区域，完全满

足成为独立大陆所需的条件。

也就是说,其实媒体所谓的"第八大洲"并不是新发现的,更不是突然发现的。

科学上的大陆和大洲

说到大陆,在我们普通人的理解中,就是高于海平面的大块陆地,我们常说的"哥伦布发现新大陆",也是这个意义上的"大陆"。

地球上,我们熟知的主要大陆有六块,按面积大小依次为欧亚大陆、非洲大陆、北美大陆、南美大陆、南极大陆以及澳大利亚大陆。

提到的"大洲",这是一个地理学上的概念,通常大陆和它附近的岛屿被总称为"洲"。

同样地,我们熟知的有七大洲,按面积大小依次为亚洲、非洲、北美洲、南美洲、南极洲、欧洲和大洋洲。

但是,上面说的只是普通意义上的理解,"大陆"的概念远比"高于海平面的大块陆地"要复杂得多。这也体现了人类认知地球的一个过程:从表观现象到深层次研究其物质、结构。

在科学上,"大陆"是一个地质构造学上的概念。

我们都知道,地球固体圈层的最外层是地壳,而大陆和大洋底部的地壳构成是不同的。洋底的地壳由玄武岩组成,而大陆下面的地壳由两个岩层组成:下部是铁镍物质组成的一个连续岩层,上部是一个花岗岩岩层,且两层间没有明显的分隔面。此外,大陆下面的地壳要比大洋底的地壳厚得多。大陆下面的地壳平均厚度为40千米,而大洋底下的地壳厚度平均只有5千米。

因此,严格地说,大陆板块和我们看到的陆地并不完全一致。而且,在一个大陆板块内,还可以划分出一些较小的板块。

大陆、大洲的变迁

在地球漫长的历史当中，陆地划分并不是一成不变的。

大约 38 亿年前，地幔对流开始推动地表的早期板块，就此开启了现代大陆的演化进程。

在漫长的地质历史时期，大陆板块有时分裂，有时聚合，不断漂移。

现今的所有南半球大陆——非洲大陆、南美大陆、南极大陆和澳大利亚大陆都是由冈瓦纳古大陆在 1 亿 8 千万年前逐渐分裂而成的。

早在 19 世纪初，地理学家就注意到非洲的海岸线与南美洲的海岸线吻合，就好像这两个大陆曾经紧紧相连似的。

1912 年，德国科学家阿尔弗雷德·魏格纳发表了他的大陆漂移说，提出了南美洲和非洲连在一起、欧洲和北美洲连在一起的证据。但他没能很好地解释它们为何之后会分开。

20 世纪 60 年代，板块理论为大陆漂移说提供了较为合理的解释和更多古气候、古生物以及地质学方面的有力证据。到 20 世纪 80 年代，高精度的空间大地测量技术已经能够测量出大陆板块的移动了。

发现新"大陆"很正常

随着我们对岩石和地质构造研究的不断深入，科学家逐步还原着地质历史时期的地表面貌，距离我们越近的地质历史时期，我们对其的认知就越清晰。

其实，我们今天已知的地球表面的板块就有大大小小几十个，而且从地质历史发展过程来看，在今后的地质演变过程中，也许会分化出更多的大陆板块，也许相邻的板块汇聚到一起使全球的大陆板块数减少成四五个。

通常来说，地壳运动、气候变化等都会影响我们看到的露出海平面以上

的陆地形态和面积。由于全球气候变暖、冰川消融、海平面上升,沿海的许多区域或许都会被海水淹没,浮出水面的"陆地"又将会沉入水下,像印度洋岛国马尔代夫——地球上海拔最低的国家之一,已经面临着可能因海平面上升而不得不放弃自己家园的现实危机。

但是,无论是露出水面还是沉入水下,就地质构造意义上的大陆板块而言,其性质并没有改变。

此外,即使是今天,地球表面也还有许许多多我们未知的区域。随着科学技术的不断发展,我们对地球的认识会不断地深入和全面,所以说,发现新的"大陆"也是很正常的事了。

作者:王群力、杨勤业(中国科学院地理科学与资源研究所)

20 从科学家发现的一颗钻石说起

钻石

几年前,加拿大阿尔伯塔大学的地球化学家格雷厄姆·皮尔森教授,去巴西某地区某钻石矿考察,在钻石矿河流下游找到**一颗粒径约5毫米的浅棕色金刚石**。金刚石,即我们常说的"钻石"。

皮尔森教授发现这颗金刚石的表面呈现高程度的溶蚀特征,并具有明显的塑形变形特征;进行红外光谱分析后,发现这颗金刚石中氮元素含量很低。这些特征均指明,**这颗金刚石来自特别深的地层。**

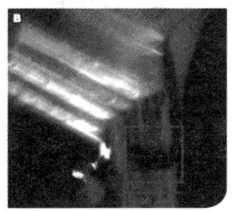

金刚石及其中包裹的微细物质

经过细致观察,皮尔森教授的团队还发现金刚石中包裹着一些微细的物质。

对这些微细物质进行**激光拉曼分析**(激光拉曼仪器可在微观尺度有效确定矿物种类),确定为细粒的林伍德石和瓦士利石,而这两种矿物是上地幔与下地幔之间过渡带的主要组成矿物。

继续对林伍德石进行红外光谱分析,皮尔森教授的研究团队计算出其含水量至少可达到1.4wt%（wt%为重量百分比）。根据这些信息，他们进而指出，地幔过渡带是富含水的。

2014年3月，他的研究团队将这项研究成果发表在《自然》杂志上，题目为《由金刚石中的林伍德石揭示的富含水地幔过渡带》（Hydrous Mantle Transition Zone Indicated by Ringwoodite Included within Diamond）。

发现了一颗钻石，发表了一篇论文，这在当时媒体上引起了不小的轰动。媒体争相报道时，打出的都是"**地幔中发现巨大水库**""**地幔中存在海洋**"等吸引公众目光的标题，不免有哗众取宠之嫌。因为论文中压根没提地幔存在大水库、体积超过地面海洋的事，大概是媒体参照地幔体积与地表海洋水体积自行计算的。

但是，皮尔森教授团队的研究仅仅指出上地幔与下地幔之间的过渡带富含水；而整个地幔是不均一的，地幔不同圈层、不同部位的含水性可能有较大差异。而且水在地幔中的存在形式也完全不同，根本不可能形成所谓的"海洋"。其实这个研究本身还是很有意思的。

在这里，我们先简单说一下地幔的概念。

地幔，作为地球内部的重要组成部分，被认为是岩浆的起源地，对地壳的运动和演化、地表岩石和地形的形成起到重要的作用。

地幔是地球的圈层之一，位于地壳和地核中间，分为**上地幔**（地壳以下至410千米）、**下地幔**（660～2891千米）和**中间的过渡带**（410～660千米）。

其实早在这篇论文之前，已经有不少论文研究了金刚石和金刚石中包裹的矿物：

例如，2011年10月，发表在《科学》杂志上的《地幔深部洋壳的循环：来自金刚石和其中矿物包体的

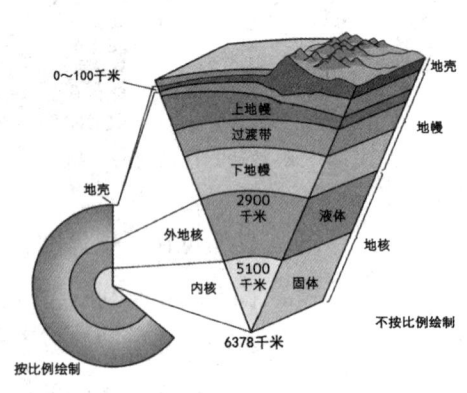

🔴 地球内部结构图

证据》(*Deep Mantle Cycling of Oceanic Crust: Evidence from Diamonds and Their Mineral Inclusions*)一文。作者的研究对象同样是取自巴西相同钻石矿的金刚石,其中包裹的虽然是上地幔常见的矿物组合,但是其展示出来的出溶结构显示,其最初形成于700～1400千米深度的下地幔中的均一矿物向上地幔运输的过程中。

因此,金刚石中最初包裹的物质来源于很深的下地幔。同时,作者对金刚石进行**碳同位素分析**,跟踪金刚石中碳元素的来源,发现金刚石中的碳同位素与地表海洋有机碳的碳同位素相同,指示金刚石中的碳元素来源于俯冲进入下地幔的洋壳,也证明洋壳循环进入了下地幔的深度(注:地壳分为洋壳和陆壳,且地壳不是静止不动的,它们之间会进行移动,洋壳会进入陆壳之下)。

从上面两篇论文中,我们可以发现,**金刚石是研究地球内部的有效媒介**。为什么如此说呢?我们得从如何形成金刚石、又如何形成金刚石矿这个过程说起。

金刚石及金刚石矿如何形成

金刚石的组成元素是碳,与我们日常接触的石墨组成元素相同,他们之间的关系在矿物学上被称为**同质多象**(注:同质多象与化学上的同素异形体概念相近)。

我们知道,石墨只有在高温、高压的条件下才可能转变为金刚石,而这样的条件需要达到上地幔的深度。下地幔中碳元素含量相对高,水含量也较高,相比上地幔有更利于氧化的条件;而上地幔中碳元素含量低,水含量低,有更利于还原的条件。

上地幔和下地幔碳元素含量以及条件的差异,导致金刚石的碳元素更可能来源于下地幔;而上地幔由于水含量更低、更利于还原的条件,则更适合保存金刚石。下地幔的碳元素跟随地幔中垂直的岩浆活动，进入过渡带或者上地幔中，这个过程中金刚石形成，并在更利于还原条件的上地幔中保存。因此，金刚石在生长过程中可能会包裹进来自下地幔、过渡带或者上地幔的物质。

那么，形成于这么深的过渡带和上地幔中的金刚石是如何到达近地表的位置的呢？

金伯利岩——让金刚石矿从内部"走"出来

其实，世界上绝大多数的金刚石矿都与一种特殊的岩浆岩石有关，这种岩石叫**金伯利岩**（注：金伯利是南非的一个小镇，这里曾产出了83.5克拉重的非洲之星钻石）。

金伯利岩在自然界中分布很少，是一种不常见的岩石类型。但是金伯利岩无论是在地球深部的研究中，还是在国民经济中，都占有重要地位。

金伯利岩石是自然界生成深度最深的岩浆岩石之一，它主要生成于上地幔，最初的岩浆可能起源于地幔中的过渡带。来自上地幔或地幔过渡带的岩浆以"细长的管道"形式向上运输，到达地壳浅部，岩浆冷却，形成金伯利岩。金伯利岩浆在深部向上运输的过程中即**会捕获已经形成的金刚石。**

由于金伯利岩的岩浆以类似管道的形式向上运输，且到达近地表浅部后，岩浆中的气体、水等会发生出溶，产生爆破效应，因此，金伯利岩常成为**下窄上宽的冰激凌筒状**。也是由于爆破，金伯利岩才会呈现出**角砾混杂**的特征，这些角砾有地球深部的物质，

🔴 金伯利岩。角砾混杂是金伯利岩的典型特征之一，指岩浆在近地表发生爆破，使不同物质混杂在一起，伴随岩浆冷却形成岩石

也有近地表浅部的物质，当然，其中可能也包括金刚石。

正是由于金伯利岩的岩浆起源于上地幔或过渡带，岩浆在向上运输的过程中常会捕获地幔中的物质和金刚石，金伯利岩和金刚石之间才能有这么密切的关系。

因此，金刚石矿的开采多沿着金伯利岩筒进行。长期的开采会形成壮观的圆形天坑。如俄罗斯的和平钻石矿，形成了一个525米深、圆筒直径达1200米的天坑，被媒体戏称为"**地狱之门**"。

俄罗斯和平钻石坑

其实，金伯利岩本身携带的来自地幔深部的物质，也为科学家研究地球深部提供了重要的视角。但是金刚石中包裹的微粒物质，由于受到金刚石这层坚硬外壳的保护，它的真实面貌可能更容易被保存下来，对它们的研究也更能反映地球深部的真实信息。

作者：彭红卫（中国科学院地质与地球物理研究所）

21 藏在冷原子世界里的温柔

●原子

原子，最早是哲学上具有本体论意义的抽象概念。作为一种微观粒子，原子既肉眼看不见也摸不着，这就给它们带来了一丝神秘感和距离感。随着人类认识的进步，原子从抽象的概念逐渐成为科学的理论。

原子由一个致密的原子核及若干围绕在原子核周围带负电的电子组成。电子绕原子核运动，不断与外界形成能量交换。这时整个原子处于运动状态，运动的原子是热血的原子。

在我们身边，有这么一群原子，它们表面很冷，被称作**冷原子**，但其内心绝对温柔。

在说冷原子之前，我们先来了解一下与冷原子里的"冷"对应的"热"是什么？热的本质是什么？进一步了解什么样的原子才称得上"冷原子"？冷原子是如何实现的？

热的本质

热的概念大家都熟知，比如酷暑，人在高温天真是快热化了，但这个意义上的"热"是我们日常谈论的"热"的一种方式，并不能表达出热的真谛、热的本质，换句话说，这里我们需要科学地、物理地理解"热"。

1745年，俄罗斯科学家罗蒙诺索夫道出了热的本质：热是运动的现象，即热是物体中微观粒子运动快慢的表现。

经典热力学告诉我们，物体的温度与原子运动速度之间有一个简单的关系，即温度正比于速度的平方。

▲ 罗蒙诺索夫像

我们这里所说的"冷原子"，是热力学上的概念。

通常情况下，冷与热总是相对的，什么样的原子才能称得上冷原子呢？

最粗糙的要求是-273℃，如果用绝对温度来表示的话，一般要求是几个毫开尔文量级，再高端一点的就是微开尔文，甚至更冷。

冷原子的运动速度很慢，具有更稳定、更精确的原子能级结构和更窄的跃迁光谱，因此相比热原子具有更为明确的量子态。目前，国际上利用冷原子制造的最精确的原子钟——锶原子光晶格钟，160亿年才出现1秒的误差。

冷原子如何实现

生活中我们冷却物体的常用办法是放入冰箱，那是不是可以把原子放入冰箱冷冻得到冷原子呢？当然没那么简单。

我们知道，家用冰箱能达到的最好制冷效果是-20℃，看来用冰箱来给原子降温是行不通了。那需要借助什么特殊的手段才能制备冷原子呢？物理学家朱棣文、柯亨-达诺基、菲利普斯为我们揭晓了答案。

　　朱棣文　　　　　　柯亨-达诺基　　　　　　菲利普斯

　　他们开创了用激光把气体冷却到微开温度范围的方法，即激光冷却原子，并且把冷却了的原子"陷俘"或"拘捕"在不同类型的"原子陷阱"中，他们也因此获得了1997年的诺贝尔物理学奖。

　　激光是如何实现原子冷却的？我们举一个生动简单的例子来说明。

　　我们知道光既具有波动特性，又具有粒子特性，即光具有波粒二象性。因此，在激光冷却原子的过程中，我们就把激光看成是一束粒子流，这种粒子叫光子。

　　比如你站在空旷的马路上，迎面有一辆自由滑行的小车（忽略摩擦力），为了降低小车的速度，你可以不断地向小车扔石头，小车收到小石头后，会随机地把石头向四面八方丢出去。考虑总体效果，小车收到许许多多扔过去的小石头后，速度就逐渐减小了。

　　激光冷却原子可以看作是用光子去"撞击"原子，抵消原子的速度。当然，激光冷却实质上是一个较为复杂的物理过程，科学家们称其为"多普勒冷却"。

再现你的温柔

激光冷却原子技术的出现，实现了长久以来人类在微观尺度上操纵原子的梦想，使得微观世界里的原子离我们更近了。

我们去观察和感受藏在微观冷原子世界里的温柔吧！

图1呈现的是锶原子蒸气在500℃的高温作用下，经过激光减速和冷却，在磁光阱中被俘获住的情景。整个过程是在一个高真空的腔体中完成的。

照片中借助腔体窗口对激光的反射，形成一个一个的同心圆环，此时将冷原子团聚焦在圆心上，图中心的亮斑就是冷原子团。

图2展现的是在激光与磁场共同作用下，被陷俘和冷却的锶原子。此时我们利用一束激光去操控原子团，原子团便呈现出了一个心形。

其实，原子团不光可以形成心形，当锶原子经过激光冷却，在磁光阱中被俘获时，改变冷却激光相对于原子共振频率的频率偏移量（即"失谐"），原子团就会呈现出不同的形状。图3中，冷却激光较原子共振频率失谐较大，原子在重力的作用下沉在底部，呈现出月牙状，像极了一轮新月。

接着，我们继续改变冷却光的失谐，在激光频率靠近原子共振频率的时候，"新月"变成

图1：聚焦"原"心

图2："原子心"

图3："新月"

图4："满月"

了"满月"(图4),是不是有一种皓月当空的感觉?这图景不禁让人想起了唐代李朴的诗:"皓魄当空宝镜升,云间仙籁寂无声,平分秋色一轮满,长伴云衢千里明。"

宇宙演化展现着宏大浩瀚的科学之美,原子则以其细微精妙展现微观世界的科学之美。硬科学里也藏着柔软的部分,那些柔软的部分在带给我们视觉上无限惊喜的同时,也让我们体会到严谨科学研究中蕴藏着的无限乐趣!

作者:徐琴芳(中国科学院国家授时中心)

图书在版编目（CIP）数据

科学新史话 / 王聪，赵宏洲主编. -- 杭州 : 浙江教育出版社，2019.9
（科学文化素养丛书）
ISBN 978-7-5536-8799-5

Ⅰ. ①科… Ⅱ. ①王… ②赵… Ⅲ. ①科学史－普及读物 Ⅳ. ①G3-49

中国版本图书馆CIP数据核字(2019)第078418号

科学文化素养丛书　科学新史话
KEXUE WENHUA SUYANG CONGSHU KEXUE XIN SHIHUA

本册主编　王　聪　赵宏洲

责任编辑：吕涵智	**美术编辑**：曾国兴
特约编辑：郭贝妮	**封面设计**：杭州林智广告有限公司
责任校对：韦　勇	**责任印务**：曹雨辰

出版发行：浙江教育出版社
　　　　　　（杭州市天目山路40号　邮编：310013）
图文制作：杭州林智广告有限公司
印刷装订：浙江新华数码印务有限公司
开　　本：710 mm×1000mm　1/16
字　　数：185 000　　　　　　　**印　张**：9.25
版　　次：2019年9月第1版　　　 **印　次**：2019年9月第1次印刷
标准书号：ISBN 978-7-5536-8799-5
定　　价：30.00元

版权所有·翻印必究
网　　址：www.zjeph.com
如发现印、装质量问题，请与承印厂联系。联系电话：0571-85155604